TAMIK HEINRICH

DIE VÖLKER DER WELT

DAS FASZINIERENDE BUCH ÜBER DIE GESCHICHTE DER MENSCHEN UND KULTUREN

inkl. Geschichte der Deutschen, Italiener,
Römer, Türken, Russen, Polen uvm.
für ein breites Allgemeinwissen

EULOGIA
VERLAG

Bibliografische Information der Deutschen Nationalbibliothek.

Die Deutsche Nationalbibliothek verzeichnet diese Publikation in der Deutschen Nationalbibliografie; detaillierte bibliografische Daten sind im Internet über http://dnb.dnb.de abrufbar.

Für Fragen und Anregungen:
info@eulogiaverlag.de

ISBN Softcover: 978-3-96967-467-3
ISBN eBook: 978-3-96967-468-0

Originale Erstausgabe 2024

Eulogia Verlags GmbH
Gerhofstraße 1–3
20354 Hamburg

Lektorat: Sandra Pichler
Satz und Layout: Tomasz Dębowski
Covergestaltung: Aleksandar Petrović, Bildquelle: Erstellt mit Midjourney (KI)

INHALTSVERZEICHNIS

VORWORT

Die Menschheit ist eine Geschichte von Vielfalt und Einheit zugleich. Über die Jahrtausende haben sich unzählige Völker auf der ganzen Welt entwickelt, ihre einzigartigen Kulturen geschaffen, Geschichten erzählt und bedeutende Beiträge zur Entwicklung der Zivilisation geleistet. Doch was genau formt diese Vielfalt? Wie hängen die kulturellen Unterschiede mit der Geschichte unserer Abstammung und der genetischen Struktur zusammen?

Die historische Entwicklung der menschlichen Völker und Gesellschaften wurde von geografischen, klimatischen, sozialen und politischen Kräften geformt. Migration, Handel, Kriege und kultureller Austausch haben Spuren hinterlassen, die sich in den Geschichten der verschiedenen Völker widerspiegeln. Diese historischen Verbindungen sind oft klar sichtbar – etwa im Austausch von Sprache, Technologie und Ideen.

Doch hinter dieser kulturellen und sozialen Entwicklung liegt eine tiefere, weniger offensichtliche Ebene der menschlichen Vielfalt: unsere Gene. Durch die Fortschritte in der modernen Genforschung können wir heute die Spuren der Wanderungen unserer Vorfahren über Kontinente und Jahrtausende hinweg verfolgen. Genetische Muster erzählen uns Geschichten von Isolation und Vermischung, von Überleben und Anpassung, die weit in die Tiefen unserer Frühgeschichte reichen und uns ein neues Verständnis dafür geben, wie eng verwoben wir trotz unserer Unterschiede sind.

Dieses Buch bietet eine Reise durch die Geschichte der Völker und verbindet diese mit den Erkenntnissen der modernen Genetik. Es zeigt, wie sich historische und genetische Pfade kreuzen, wie Völker entstanden und sich entwickelten, welche Rolle Migrationen und Umweltanpassungen spielten und wie die heutige genetische Vielfalt der Menschheit zu erklären ist. Wir werden erfahren, wie Genforschung heute hilft, jahrhundertealte Fragen zu beantworten. In diesem ersten Band stehen einige der Völker Europas im Vordergrund, über viele weitere kann sich der Leser auf dem YouTube-Kanal von Tamik Heinrich „Völker der Welt" informieren.

Ich hoffe, dass dieses Buch die Leser dazu anregt, die Geschichte der Völker dieser Erde nicht nur als Ansammlung von Fakten und Daten zu sehen, sondern als ein faszinierendes Netz, das Kultur, Biologie und Zeit miteinander verknüpft. Möge es uns helfen, die Komplexität unserer Herkunft besser zu verstehen und den tiefen Wert der menschlichen Vielfalt zu schätzen.

WER SIND DIE DEUTSCHEN?

Barentssee
eer
Finnland
Russland
Norwegen
Schweden
Estland
Lettland
änemark
Ostsee
Litauen
Russland
Deutschland
Weißrussland
Polen
Ukraine
Tschechien
Slowakei
Moldawien
Österreich
Ungarn
Slowenien
Kroatien
Rumänien
Georgie
Bosnien
und
Herzegowina
Serbien
Schwarzes Meer
Italien
Adriatisches Meer
Montenegro
Kosovo
Bulgarien
Nord-
mazedonien
Albanien
Türkei
yrrhenisches
Meer
Griechenland
Mittelmeer
Ägäisches Meer
Syrien

In den Augen vieler Menschen weltweit gelten Deutsche als nüchterne „Macher“, die nicht lange herumreden und eher zu einer Ruppigkeit bis hin zur Rechthaberei neigen, dafür aber Dinge in einer Qualität produzieren, auf die man sich verlassen kann. Die Deutschen selbst halten sich für fleißig, ordnungsliebend, sauber, pünktlich und gründlich. Diese Eigenschaften setzen eine ernsthafte Grundhaltung voraus, die wenig Raum für Humor lässt. Deshalb halten die Engländer deutschen Humor für nicht existent. Für Engländer und Amerikaner geht das Verlangen nach individueller Freiheit allen anderen Werten vor. Auch die Deutschen schätzen die Freiheit in einem hohen Maß, doch ihr höchster Wert ist Sicherheit. Das wird deutlich, wenn man ein anderes Wort dafür verwendet, nämlich Geborgenheit. Die Sehnsucht danach ist etwas, das die Deutschen seit dem Dreißigjährigen Krieg prägt. Die Ursache dafür liegt auf der Hand: Bis zur Reichsgründung von 1871 hatten die Deutschen keinen gemeinsamen Staat. Sie lebten in vielen Staatsgebilden, die sich durch Eroberungen und Erbteilungen ständig veränderten. Noch immer hat die Heimat für Deutsche eine tiefere emotionale Bedeutung als für die meisten ihrer Nachbarvölker. Das rührt daher, dass die historisch gewachsenen Kleinstaaten nicht nur politische, sondern auch kulturelle Einheiten waren.

VERSCHIEDENE NAMEN FÜR DIE DEUTSCHEN UND DEUTSCHLAND

Frankreich heißt auf Englisch *France*, auf Italienisch *Francia*; England heißt auf Französisch *Angleterre*, auf Italienisch *Inghilterra*. Der Originalbegriff ist in vielen Fremdsprachen wiederzuerkennen. Deutschland dahingegen heißt auf Niederländisch *Duitsland*, auf Dänisch, Schwedisch und Norwegisch *Tyskland*. Die sprachlich verwandten nordeuropäischen Länder scheinen die Regel zu bestätigen: der Eigenname wird in abgewandelter Form übernommen. Aber auch das Englische ist verwandt mit dem Deutschen. Beides sind westgermanische Sprachen. Deutschland heißt aber auf Englisch *Germany* – und nicht etwa, wie man annehmen könnte, *Dutchland*. Denn *Dutch* ist bei den Engländern seit dem 17. Jahrhundert allein für die Niederländer reserviert. Zur Bezeichnung der östlichen Nachbarn mussten sie auf das lateinische *Germania* zurückgreifen. Diesen Begriff haben die Römer seit etwa 200 v. Chr. als Sammelbezeichnung für die rechtsrheinischen Stämme verwendet. Die Herkunft des Begriffs *Germanoí* (griechisch *Γερμανοί*) ist nicht geklärt. Eine Verbindung mit dem germanischen *gaizaz*, *Ger* (‚Wurfspeer') gilt als widerlegt. Unwahrscheinlich ist auch die Ableitung vom lateinischen *germānus* (‚leiblich', ‚echt', ‚wahr'). Am wahrscheinlichsten ist eine keltische Etymologie. Erwogen werden die Wurzeln vom Altirischen *gair* (‚Nachbar') oder *gairm* (‚Schrei'), woraus die Benennungsmotive „die Nachbarn" bzw. „die Schreienden" resultieren.

Die Eigenbezeichnung *Deutsche(r)* und für das Land *Deutschland* gehen wiederum auf das althochdeutsche Wort *thiutisk*, *diutisk* zurück, was ‚zum Volk gehörig' oder ‚die Sprache des Volkes sprechend' bedeutet. Dieses leitet sich von *thiot*, *diot* (‚Volk', ‚Stamm') ab, was im urgermanischen Wort *þeuðo* („theudō") – ebenfalls mit der Bedeutung ‚Volk' oder ‚Stamm' – verwurzelt ist. Bei dem Begriff *deutsch* ging es ursprünglich nicht um eine ethnische Einheit, sondern um eine nicht lateinische Volkssprache (z. B. Fränkisch, Gotisch oder Normannisch). Die früheste belegte Form dieses Wortes (*thiota*) findet sich in der gotischen Bibelübersetzung des Bischofs Wulfila aus dem 4. Jahrhundert. In der lateinischen Form *theodisce* wurde das Wort erstmals im Jahre 786 in einem vatikanischen Kodex belegt. Dies bildete auch die Quelle des italienischen Wortes *tedesco*. Im Mittelalter und darüber hinaus wurde das lateinische Adjektiv *teutonicus* in lateinischen Texten als (Rück-)Übersetzung von ‚deutsch' gebraucht, beispielsweise in *Regnum Teutonicum*, dem nördlich der Alpen gelegenen Teil des römisch-deutschen Reichs. Die Römer schrieben den Germanen den *Furor teutonicus*, also die ‚teutonische Raserei', zu. Der Ausdruck spiegelt den Schrecken wider, den die Römische Republik beim ersten Zusammentreffen mit germanischen Stämmen auf ihrem italienischen Gebiet im 2. Jahrhundert v. Chr. ergriff. Dies wurde nach der Varusschlacht im Jahr 9 n. Chr. nochmals bestätigt und fortan allen Germanen zugeschrieben. Im Englischen ist *Teuton* heute noch eine umgangssprachliche Bezeichnung für den ansonsten als *German* bezeichneten Deutschen. Der Deutsche Orden heißt dort *Teutonic Order*, die Deutschordensritter werden *Teutonic Knights* genannt.

In einigen Ländern fallen die Volks- und Landesbezeichnung der Deutschen auseinander, z. B. *Немец* (Nemec) *и Германия* (Germania) bei den Russen oder *tedesco* und *Germania* bei den Italienern. Was man vom Französischen nicht behaupten kann: *Allemagne* heißt das Land, *Allemands* die Bewohner. In der Spätantike war das westgermanische Volk der Alemannen der östliche Nachbar der romanisch sprechenden Gallier. Die späteren Franzosen übertrugen den Namen dann auf alle germanischsprachigen Nachbarvölker. Wenn wir von Deutschland aus nach Osten reisen, kommen wir nach Polen. Dort nennt man die Deutschen *Niemcy* – wie in Russland. Der Deutsche heißt auch auf Tschechisch *Němec* und auf Ungarisch *Német*. Das ist eindeutig dieselbe Wurzel in ganz Mittel-, Ost- und Südosteuropa. Man glaubt, dass die Bezeichnung von einem urslawischen Wort abstammt, das ‚Fremder' bedeutet und auf ein Adjektiv für ‚stumm' zurückgeht. Das Wort bezeichnet also Fremdsprachige, die sich mit den Slawen nicht verständigen konnten, und wurde später auf die Deutschen eingeengt. Damit entwickelte sich der Begriff genau in die entgegengesetzte Richtung wie *Allemagne*: Während die Slawen eine Allgemeinbezeichnung eingegrenzt haben, haben die Franzosen eine Sonderbezeichnung ausgeweitet, und das mit großem Erfolg: Der französische Wortstamm wurde ins Spanische und Portugiesische übernommen – und von dort nach Südamerika und in den Nahen Osten exportiert. Auf Finnisch und Estnisch heißt der Deutsche *Saksa*. Unverkennbar hat hier ein anderer Stamm Pate gestanden – einer, der näher an Nordosteuropa dran war: die Sachsen.

WOHER KAMEN DIE VORFAHREN DER DEUTSCHEN?

Die Deutschen haben kein einzigartiges genetisches Erbe. Denn sie und alle anderen Europäer sind ein buntes Gemisch – Nachfahren wiederholter urzeitlicher Einwanderungen. Schon Hermann der Cherusker – eigentlich Arminius – war alles andere als ein lupenreiner Mitteleuropäer. Er trug in sich das Erbe von mindestens drei großen Einwanderungswellen – und damit von Migranten aus Gebieten außerhalb Europas. Die wissenschaftlichen Ergebnisse enthüllen, dass die ersten Vertreter des Homo sapiens vor 40.000 Jahren aus Afrika über die arabische Halbinsel durch die Balkanroute nach Europa eingewandert sind. Ihre Verwandten, die Neandertaler, wurden dort von ihnen verdrängt, bis diese schließlich vor 30.000 Jahren ausstarben. Offensichtlich haben beide Gruppen aber auch gemeinsame Nachkommen gezeugt. Denn alle Nicht-Afrikaner tragen heute maximal 4 % der Neandertalergene in sich. Vor 9.000 Jahren begann die Einwanderung der ersten Bauern aus dem Nordwesten Anatoliens, wieder über den Balkan. Sie brachten nicht nur ihre Gene und die Technologie der Landwirtschaft mit. Wir verdanken ihnen auch einen kulturellen Wandel: Aus nomadischen Jägern und Sammlern entwickelten sich die sesshaften Bauern der Linearbandkeramik-Kultur. Die dritte Welle folgte in der frühen Bronzezeit: Vor rund 5.000 Jahren strömten die Jamnaja, ein halbnomadisches Volk von Steppenreitern, nach Südosteuropa ein. Vor allem die Männer der Jamnaja haben ihre Spuren im Erbgut der Europäer hinterlassen. Heute tragen alle Europäer eine „genetische Dreifaltigkeit" der Stein- und der Bronzezeit in sich: 30 % Jäger und Sammler, 30 % anatolische Frühbauern und 40 % Steppen-Viehhirten, was auch ihr Aussehen prägt. Denn die blauen Augen haben sie von den dunkelhäutigen Jägern und Sammlern, die helle Haut von den anatolischen Frühbauern und die blonden Haare von den Yamnaya aus der Steppe.

GENETIK

Gemeinsam mit der Biologin Joelle Apter hat die Gen-Expertin Inma Pazos von der Firma „Igenea" fast 19.500 Genanalysen von Deutschen verglichen. Die Ergebnisse beweisen, dass die Deutschen mehrere Wurzeln haben. Besonders deutlich wird das bei den väterlichen Linien. Sie sind bei deutschen Männern nur zu 6 % germanisch. Das steht im Widerspruch zu den mütterlichen Linien. Demnach sind 50 % der deutschen Frauen mütterlicherseits germanischer Abstammung. Unwissenschaftlich ausgedrückt: Deutsche Frauen sind deutscher als deutsche Männer. Über Jahrhunderte sind die Männer in der Urzeit durch Kriege, Naturkatastrophen und Jagdunfälle hinweggerafft worden. Die Frauen hatten schon damals eine geringere Sterblichkeit und eine höhere Lebenserwartung.

Und offenkundig eine hohe Zahl an Geschlechtspartnern aus anderen Völkern, mit denen sie Kinder zeugten. Insgesamt 25 % der Deutschen entstammen der Haplogruppe I1, obwohl diese auch in den traditionellen germanischen Ländern durch die zahlreich verbreitete Haplogruppe R1b oft überschattet wird. I1 tritt am häufigsten im Westen von Finnland (40 %), in Süd-Norwegen (35 %), gefolgt von Schweden, Dänemark und Norddeutschland auf.

Es ist trotzdem problematisch, die Germanen als die Vorfahren der Deutschen zu bezeichnen. Neben germanischen Stämmen lebten im Laufe der Geschichte viele Menschen unterschiedlicher Herkunft auf dem Gebiet, das wir heute Deutschland nennen. So bestanden im Süden lange Zeit keltische Stämme. In römischer Zeit siedelten sich Menschen aus vielen Regionen des Römischen Reiches in Teilen des Rheinlands und Süddeutschlands an. Ab dem Frühmittelalter besiedelten slawische Stämme weite Teile des heutigen Ostdeutschlands. Die Idee einer Verbindung zwischen „germanisch“ und „deutsch“ ist relativ jung. Erst seit dem 18. Jahrhundert wurden die Germanen als Vorfahren der Deutschen stilisiert, um eine gemeinsame deutsche Vorgeschichte zu konstruieren. Genetisch gesehen gibt es in Deutschland sogar weit mehr als 30 Millionen Menschen, die keltische Vorfahren haben. 45 % der männlichen Deutschen gehören nämlich zur Haplogruppe R1b. Sie wird als die „Kelten-DNA“ bezeichnet, da sie am stärksten bei Völkern mit keltischem Hintergrund verbreitet ist. Die Haplogruppe R trat erstmals zwischen dem Kaspischen Meer und Sibirien vor 30.000 bis 35.000 Jahren auf. Ihre Aufspaltung in R1a und R1b fand vor weniger als 18.500 Jahren im zentralen und westlichen Teil Asiens statt. Die Träger dieser Genvariation sind in der heutigen irischen und walisischen Bevölkerung häufig, aber auch bei den Basken und den turksprachigen Baschkiren. Der Historiker Otto Urban skizzierte: „Die Ausdehnung der Kelten könnte man durchaus mit dem heutigen Europa vergleichen: Im 2. Jahrhundert unserer Zeit siedelten die Kelten auf den Britischen Inseln und an der Westküste Portugals, quer über den mitteleuropäischen Kontinent bis hinunter zu den Donaukelten und den Kelto-Thrakern im heute rumänisch-bulgarischen Gebiet. Die Kelten waren in Oberitalien sesshaft, fielen in Delphi ein und setzten auch über den Bosporus, wo eine kleine Gruppe in Kleinasien blieb. Nur nach Norden hin sei die Abgrenzung zu den Germanen schwierig." Auch die Germanen, deren ursprüngliches Siedlungsgebiet zwischen Oder und Rhein lag, begannen um 500 v. Chr. mit Wanderzügen, die sie im Westen nach England, Frankreich und bis in den Norden Spaniens und im Osten bis ans Schwarze Meer führten. Überall kam es zu Vermischungen mit Einheimischen.

Welche weiteren Haplogruppen dominieren bei den Deutschen? 15 % von ihnen gehören zur R1a. Besonders verbreitet ist sie bei Ost- und Westslawen, Balten, aber auch bei Nordindern, Kirgisen, Paschtunen, allerdings bei den Letzteren in einer anderen Untergruppe. Das könnte ein Hinweis auf den genetischen Beitrag der Slawen sein, die früher als *Wenden* bekannt waren. So bezeichnete man neben den slawischen Bewohnern von Gebieten entlang und östlich der Elbe auch die Slawen nördlich der Donau, in der Oberpfalz und in Oberfranken sowie in den Ostalpen. Hinweise auf sie sind zum Beispiel slawische Ortsnamen (Güstrow, Pankow) oder Personennamen (Krahl, Modrow).

Die bajuwarischen Männer waren übrigens gemäß der Studie eines Teams um Michaela Harbeck von der Münchner Staatssammlung für Anthropologie und Joachim Burger von der Universität Mainz nach mit 80 % deutlich blonder und blauäugiger als die heute in Bayern lebende Bevölkerung. Eine mögliche Erklärung dafür sind Einflüsse aus den nahe gelegenen slawischen Siedlungsräumen. Nachdem in der Völkerwanderungszeit die germanischen Stämme ihre Siedlungsgebiete östlich der Elbe verlassen hatten, wurden diese ab dem 6. bis 7. Jahrhundert von Slawen besiedelt, die aus den Gebieten des heutigen Tschechiens und Polens kamen. Sie ließen sich neben verbliebenen Germanen nieder und bildeten Stammesverbände wie z. B. Abodriten, Lutizen, Heveller. Hier sind besonders die in den Chroniken erwähnten Polaben hervorzuheben, die im 11. und 12. Jahrhundert ein Teil des Abodriten-Verbandes waren. Die Bezeichnung geht auf ihre Lage „an der Elbe" (*po* = ‚an' + *Laba* = ‚Elbe'). Im 8. Jahrhundert begann die bäuerliche deutsche Ostsiedlung. Bis zum 12. Jahrhundert eroberten deutsche Fürsten Gebiete östlich der Elbe. Die slawische Bevölkerung wurde bis auf die sorbischen Enklaven assimiliert. Die Sorben sind heute die einzige autochthone slawische Minderheit in Deutschland.

Was kann man noch zu weiteren Beiträgen in der Genetik der Deutschen sagen? Der hebräische Zweig am Stammbaum, die Haplogruppe J, der 40 % aller Juden angehören, umfasst 10 % der Deutschen. Und das ist auch verständlich: Die Geschichte der Juden in Deutschland ist mehr als 1700 Jahre alt. Die Christen und Juden gingen bis zum 1. Kreuzzug 1096 Ehen ein. Erst durch die Ghettoisierung wurden Juden isoliert, was sich ab dem 19. Jahrhundert wieder lockerte. Die restlichen 5 % der Deutschen entstammen der Haplogruppe E3b. Sie haben ihre Wurzeln bei den Phöniziern, dem seefahrenden Mittelmeervolk, das große Teile Europas und Afrikas bereiste und Handel auch im nördlichen Europa trieb.

WANN ENTSTANDEN DIE DEUTSCHEN?

Völker entstehen natürlich nicht an einem bestimmten Tag. So lässt sich nicht ein Zeitpunkt nennen, an dem die Menschen an Elbe, Rhein und Donau zu Deutschen wurden. Wenn man allerdings ein Ereignis angeben möchte, ohne dass alles anders gekommen wäre, dann ist es die Schlacht von Fontenoy 841 südlich von Auxerre. Drei Enkel Karls des Großen traten dort mit ihren Truppen an, weil sie über das Erbe stritten: auf der einen Seite Kaiser Lothar, auf der anderen seine Brüder Ludwig, König von Bayern, und Karl, König von Westfranken. Das fränkische Imperium Karls des Großen – bis heute das Symbol für die Einheit Europas – zerbrach. Die Brüder teilten den Vielvölkerstaat auf. König Ludwig erhielt den östlichen Part, und sein ostfränkisches Reich wurde zum Ausgangspunkt für etwas ganz Neues: die Deutschen. Die Ethnogenese ist hier in umgekehrter Reihenfolge verlaufen. Am Anfang war das Reich, erst darin entstand ein Volk. Die Menschen empfanden sich damals keineswegs als Deutsche, sondern als Franken, Alemannen oder Bajuwaren. Erst das ostfränkische Imperium bot einen verlässlichen Rahmen, innerhalb dessen die Stämme zu einem neuen Volk zusammenwuchsen. Sie „schlitterten in ihr nationales Dasein, ohne es zu merken und ohne es zu erstreben“, urteilt der Historiker Johannes Fried. Einen weiteren Schub dafür gaben die Italienfeldzüge, beginnend mit Otto dem Großen im 10. Jahrhundert. Um den Angreifern aus dem Norden einen Namen zu geben, griffen die

Italiener das Wort *theodisk* auf. Fried betont, dass sich die Völker erst da als Deutsche begriffen hätten. Doch das war ein zeitlich und örtlich begrenztes Phänomen. Sobald sie zurückkehrten, waren sie wieder Franken oder Sachsen.

Ein gemeinsames Abstammungsnarrativ bot die im 15. Jahrhundert entdeckte Schrift „Germania" des römischen Historikers Tacitus aus dem 1. Jahrhundert. Nun schien das Volk der Deutschen, das man mit den Germanen gleichsetzte, älter zu sein als das der Franzosen – und obendrein moralisch überlegen. Das Volk selbst sah sich aber immer noch als Angehörige ihres jeweiligen Stammes und später als Untertanen ihres Territorialfürsten im „Heiligen Römischen Reich". Das aber war ein Gebilde, in dem neben Deutschen auch Menschen mit italienischer, flämischer, französischer und tschechischer Muttersprache lebten. Unterhalb des Kaisertums bildeten sich selbstständige Territorien heraus, deren Untertanen dabei auch eine auf den Kleinstaat bezogene Identität entwickelten: So kämpfte man in Kriegen für seinen Fürsten gegen das Heer des Nachbarfürsten, auch wurde die Art der Religionsausübung im Zeitalter der Reformation nicht von einer gesamtdeutschen Autorität bestimmt (anders als in England oder Frankreich), sondern vom jeweiligen Territorialherren. Im 16. Jahrhundert manifestierte sich der Prozess der nationalen Konsolidierung in der Schaffung einer Schriftsprache, aber es kam gleichzeitig auch zur religiösen Spaltung in Katholiken und Protestanten, die die Unterschiede im Alltagsleben und in der Kultur der Deutschen bestimmten. Martin Luther übersetzte das Alte und Neue Testament, das in Hebräisch und Altgriechisch verfasst war, ins Deutsche. Er verwendete dabei eine Schriftsprache, die sich an der kursächsischen Kanzleisprache orientierte. Durch die Drucktechnik Gutenbergs hat sich die Sprache weiter verbreitet und ist später auch in katholischen Gebieten übernommen worden.

Aber bis zum Ende des 18. Jahrhunderts gab es immer noch kein ausgeprägtes Nationalbewusstsein. Den Wechsel brachte erst die nationale Bewegung Anfang des 19. Jahrhunderts, die nach den Befreiungskriegen gegen die napoleonische Herrschaft großen Auftrieb erhielt. Erst 1871 wurde mit der Reichsgründung der erste deutsche Nationalstaat gegründet. Seine Einwohner wurden als „Reichsdeutsche" bezeichnet.

WER SIND DIE ÖSTERREICHER?

Barentssee
eer
Finnland
Russland
Norwegen
Schweden
Estland
änemark
Lettland
Ostsee
Litauen
Russland
Weißrussland
eutschland
Polen
Tschechien
Ukraine
Slowakei
chtenstein
Österreich
Moldawien
Ungarn
Slowenien
Rumänien
Kroatien
Georgie
Bosnien
und
Herzegowina
Serbien
Schwarzes Meer
Italien
Adriatisches Meer
Montenegro
Kosovo
Bulgarien
Nord-
mazedonien
Albanien
Türkei
Tyrrhenisches
Meer
Griechenland
Mittelmeer
Ägäisches Meer
Syrien

Wenn im Fußball eine Europa- oder Weltmeisterschaft stattfindet, hört man in Österreich einen Satz, der immer wiederkehrt: „Mir ist egal, wer gewinnt, Hauptsache, die Deutschen verlieren." Dabei haben die Deutschen mehr Sympathie für die Österreicher übrig als umgekehrt. In einer Umfrage des Meinungsforschungsinstituts YouGov im Auftrag der Deutschen Presseagentur gaben 22 % der Deutschen an, die Österreicher seien ihre sympathischsten Nachbarn. Die Sprache, die Berge, die Skiurlaube, die Wiener Kaffeehauskultur, Schnitzel, Kaiserschmarren und vieles mehr; es gibt einiges, wovon die Deutschen schwärmen. Diese Liebe bleibt aber zumeist unerwidert. Dem Österreicher gelten die „Piefkes" als laut, arrogant, besserwisserisch und geizig. Sie sind die Repräsentanten des deutschen Spießertums, dem der österreichische Autor Felix Mitterer einst die TV-Serie *Piefke-Saga* widmete. Der Spottname *Piefke* kam übrigens 1866 auf, als Österreich nach der verlorenen Schlacht bei Königgrätz in einer tiefen Depression steckte. Kurz nach der schmachvollen Niederlage fand in Marchfeld bei Wien eine preußischen Siegesparade statt, an deren Spitze der Militärkapellmeister Johann Gottfried Piefke mit seinem Bruder Rudolf teilnahm. Als die beiden Musiker neben 60.000 preußischen Soldaten unter den für Österreich demütigenden Klängen des *Königgrätzer Marschs* schritten, sollen die Ortsbewohner „Die Piefkes kommen!" ausgerufen haben.

Woher kommt die Abneigung gegenüber den Deutschen? Nach Thomas Köllen von der Wiener Wirtschaftsuniversität waren die Österreicher nach 1945 darum bemüht, sich von den Deutschen abzugrenzen, zum Beispiel mit Heimatfilmen, die eine Art „Zuckergussbild" von Österreichern zeichneten. „Nicht ohne Grund ist es in Österreich ein verbreiteter Witz, dass Beethoven Österreicher und Hitler Deutscher war", sagt Köllen. Nach seiner Meinung brauchen die Österreicher diese Abgrenzung, um sich zu vergewissern, dass sie eine eigene, wunderbare Nation sind, denn „sie müssen sich die ganzen Attribute, die Deutschen zugeschrieben wurden, ansehen: der plumpe, humor- und kulturlose, laute Deutsche – das ist ein Gegenbild des österreichischen Selbstbildes." Es gibt aber auch die Deutschen, die den Österreichern sympathisch sind: Während 78 % meinen, dass Deutsche „anders ticken", fühlen das beim Gedanken an die Bayern nur 32 %.

VERWANDTSCHAFT MIT BAYERN

Dass sich die Österreicher den Bayern näher fühlen als all den anderen deutschen Volksgruppen, ist allgemein bekannt. Die Parallelen in Sprache und Mentalität sind präsent. Jedoch gibt es auch geschichtliche Gründe für die Verbundenheit. Das Wissen darum, dass Österreich ein Teil Bayerns war, bzw. Bayern und Österreich bis 1156 in einem Herrschaftsbereich waren, ist weitgehend verloren gegangen. Das alte Bayern ist auf dem Gebiet der ehemals römischen Provinzen Raetien und Norikum entstanden. Hier siedelten um das Jahr 500 neben einheimischen Keltoromanen auch Germanen, denen es die hochstehende mediterrane Kultur vor den Alpen angetan hatte. Im Laufe der Zeit entwickelte sich hier eine romanisch-germanische Mischkultur. Erstmals urkundlich belegt ist der Begriff *Österreich* für einen Landstrich im heutigen Niederösterreich im 10. Jahrhundert. Die Bayern nannten nach dem Sieg über die Ungarn in der Schlacht auf dem Lechfeld 955, in dessen Folge Teile des vorher verloren gegangenen Gebietes zurückerobert werden konnten, den östlichsten Bereich ihres Herrschaftsgebietes *Ostarrichi*. In einer Schenkungsurkunde von 996 fand dieser Name erstmals eine schriftliche Erwähnung. Daneben war auch noch lange die Namensform *Osterlant* gebräuchlich.

Von einer Teilung des Gebietes war da noch keine Rede. Die kam erst 160 Jahre später, als um das bayerische Herzogtum gestritten wurde. Kaiser Friedrich I. Barbarossa entschied 1156 auf einem Hoftag in Regensburg: Der Welfe Heinrich der Löwe erhält ein Gebiet, das im Wesentlichen mit dem heutigen Bayern identisch ist, und der Babenberger Herzog Heinrich II. Jasomirgott bekommt das davon abgespaltene Gebiet um Tirol und Kärnten, die Mark Ostarrichi. Im *Privilegium minus* wurde sie von Friedrich I. zum Herzogtum erhoben. Urkundlich erstmals 1147 belegt, setzte sich *Austria* als lateinischer Name Österreichs durch.

Wie konnte es passieren, dass sich Österreich zu einem Weltreich entwickelte und Bayern überflügelte? „Das zeigt sich mit einer Parallele bei Brandenburg-Preußen, dass die deutschen Herrscher, die ostgelagert waren, Expansionsmöglichkeiten Richtung Osten gefunden haben, während Bayern mit der Abtrennung von 1156 ‚Binnenland' geworden ist und diese Möglichkeiten nicht mehr hatte", so sagt der Historiker Ferdinand Kramer.

Trotzdem bewahrten die Bayern und Österreicher das Bewusstsein der Einheit. Dazu trug auch die Geschichtsschreibung bei, die immer wieder auf den gemeinsamen Vorfahr, den Stamm der Bajuwaren, hinwies.

SPRACHE

Die meisten Dialekte Österreichs gehören zur bairischen Dialektgruppe der deutschen Sprache. Das heißt, dass Bayern und Österreicher Dialekte sprechen, die sich aus dem Altbairischen ableiten lassen. Sprachforscher unterscheiden zwischen Nordbairisch, Mittel- oder Donaubairisch und Südbairisch. Die Verständigung innerhalb dieser Untergruppen verläuft relativ problemlos. Allgemein verbreitet sind zwar Phänomene wie die Rundung von [a] zu [ɔ] oder der Schwund von auslautendem [-ç] bei den Pronomina (*i måg di = ich mag dich*), ansonsten ist der Sprachraum einigermaßen heterogen. Schon im kleinen Osttirol gibt es für *gut* die Formen *guat*, *guit*, *gṻt* und *güet*. Das Schweizerdeutsch ist dagegen nicht für alle Österreicher verständlich. Fast alle Schweizer Dialekte sind auf die Alemannen zurückzuführen, die zusammen mit den keltischen Helvetiern die heutige Bevölkerung der Ostschweiz bilden. Alemannisch spricht man auch in Österreich, aber nur in Vorarlberg und in kleinen Teilen Tirols.

Erstaunlicherweise gibt es zurzeit in Österreich einen Trend zum Hochdeutschen. *Brötchen* stehen fast schon gleichberechtigt neben den traditionellen *Semmeln*; man geht *zur* (statt *in die*) *Schule*; der *Turnprofessor*, der Schrecken der *Leibesertüchtigung*, ist nun der *Sportlehrer*. Man nimmt es sogar hin, dass *tschüss* zum Substrat für die einst reiche Population an Abschiedsgrüßen wurde (*servus*, *baba*, *tschau*, *tschauli*, *pfiat di*). Der Linguist Hannes Scheutz meint, dass beispielsweise die Salzburger Kinder heute „ein stark am Hochdeutsch orientiertes Deutsch mit zum Teil sogar norddeutschen Einschlägen“ sprechen. Eine Ursache dafür sei die Sprache, die in deutschen TV-Sendern, aber auch in sozialen Medien wie YouTube und TikTok zu hören sei. „Auch in ländlichen Gebieten, die noch dialektfester sind, sind viele ‚altdialektale‘ Merkmale verloren gegangen“, meint Scheutz. Nach ihm wird die Alltagssprache der Österreicher der Sprache der Deutschen künftig näher sein, aber nicht dieselbe wie im Nachbarland. Die Entwicklung gehe hin zur überregionalen Vereinheitlichung der Sprache mit noch hörbaren regionalen Einflüssen.

GENETIK

50-30-20 – diese Formel beschreibt die genetische Zusammensetzung nicht nur der Österreicher, sondern eigentlich aller Völker Zentraleuropas. Beginnen wir bei den ältesten Vorfahren, den Ureuropäern. Sie sind vor etwa 40.000 Jahren aus Afrika über Zentralasien ausgewandert und haben sich, in Europa angekommen, mit den hier lebenden Neandertalern auseinandergesetzt und diese schlussendlich verdrängt. 20 % der Gene lassen sich auf diese Gruppe zurückführen. Vor 8.000 Jahren gab es eine weitere Wanderungsbewegung. Damals sind Ackerbauern aus Anatolien eingewandert; sie beherrschen unsere DNA zu 50 %. „Die Hälfte der heutigen Gene der Zentraleuropäer ist asiatisch", sagt Johannes Krause vom Max-Planck-Institut für Menschheitsgeschichte in Jena. Im Zuge dieser Entwicklung kam wahrscheinlich auch der Ackerbau nach Europa. Eine Wanderungsbewegung vor rund 5.000 Jahren hat schlussendlich die letzten 30 % unserer heutigen genetischen Zusammensetzung zu verantworten. Die letzten Ankömmlinge waren Bevölkerungsgruppen aus der Steppe nördlich des Kaspischen Meeres. „Die Expansion dieser Population hat die genetische Zusammensetzung noch einmal verändert und eine weitere asiatische Komponente mitgebracht", sagt Krause. Vermutlich verdanken wir dieser Gruppe auch die europäischen Sprachen und unsere helle Hautfarbe. Unsere Gene sind also eine Mischung aus verschiedenen Populationen, die nach Europa gekommen sind. „Die haben sich sehr gut vermischt und auch nicht vor Großbritannien oder der Iberischen Halbinsel Halt gemacht. Die Migrationsströme sind, mit Ausnahmen wie etwa Sardinien, in alle Teile Europas vorgedrungen", sagt Krause. Aufgrund dieser Durchmischung sind sämtliche Gene überall vertreten, was so viel heißt wie: Alle Europäer sind relativ nahe verwandt.

Die Gene der Österreicher unterscheiden sich somit nicht stark von der DNA der Deutschen oder anderer Nachbarvölker. Und das sind ihre häufigsten Haplogruppen: an erster Stelle: R1b (32 %), sie gilt als keltisch, kommt aber auch bei einigen germanischen Völkern vor; an zweiter Stelle: R1a (19 %), die bisher höchste Konzentration in Europa wurde bei West- und Ostslawen gefunden; an dritter Stelle: I1 (12 %), sie wird mit germanischen Stämmen in Verbindung gebracht, bei Dänen, Schweden, Norwegern und Norddeutschen erreicht sie heutzutage die höchsten Werte. Ein erheblicher Prozentsatz der Österreicher hat Haplogruppen, die traditionell mit der Alt-Bevölkerung der Mittelmeerküste in Verbindung gebracht werden: J2 (9 %) und E1 (8 %), die zumeist bei Griechen, Albanern und Italienern anzutreffen sind. Die anderen österreichischen Haplogruppen sind G (7,5 %), I2a (7 %), I2b (2,5 %), J1 (1 %), T (1 %), Q (0,5 %); N (0,5 %). Besonders interessant ist dabei die Haplogruppe I. Sie wird am ehesten der Urbevölkerung Europas zugeordnet, die während der Eiszeit am Balkan in einem Wärmerefugium auf der Balkanhalbinsel bis zum Schwarzen Meer überlebte, um dann nach dem Ende der Eiszeit Europa wieder neu zu besiedeln. Das Alter dieser Haplogruppe wird auf 21.000 Jahre geschätzt. Mit dem Rückgang der Gletscher haben sich die Träger dieses Gens im Nordwesten Europas, vor allem in Skandinavien, ausgebreitet. Weitere Einwanderungswellen (mit der Haplogruppe R1) haben dann keilartig die Haplogruppe I in einen nördlichen und einen südlichen Bereich unterteilt.

Die Völker, die den Österreichern väterlicherseits am nächsten stehen, sind: Tschechen (genetische Übereinstimmung zu 81,5 %), Deutsche (81 %), Ungarn (74,5 %), Italiener (72,5 %), Schweizer (71,5 %), Slowenen (64,5 %), Slowaken (63,5 %), Kroaten (60 %). Die Völker, mit denen die Österreicher mütterlicherseits am engsten verwandt sind: Deutsche (93 %), Slowenen (90,3 %), Slowaken (89 %), Schweizer (88 %), Ungarn (86,9 %), Italiener (86 %), Tschechen (85,7 %), Kroaten (82,8 %). Was ihr Aussehen betrifft, gehören die meisten Österreicher (ohne die Migranten des 20. Jahrhunderts zu berücksichtigen) nach dem Anthropologen Nikolai Tscheboksarov zum zentraleuropäischen Typ. Weiterhin sind folgende Typen oft anzutreffen: balkanisch-kaukasisch (in Tirol und Kärnten), atlantisch-baltisch (in Vorarlberg und im Norden), indo-mediterran (entlang der Donau und im Süden) und weißmeer-baltisch (im Osten). Der uralische Typ (im Burgenland) ist sehr selten.

SONDERFALL TIROL

Genetisch tanzen die Tiroler ein wenig aus der Reihe. „In Österreich ist die Haplogruppe G eher selten, außer in Tirol", sagt Walther Parson vom Institut für Gerichtliche Medizin in Innsbruck. In manchen Tiroler Tälern sind mehr als 40 % der Probanden Träger des entsprechenden Y-Chromosoms. Auch Ötzi hatte die Haplogruppe G, genauer gesagt G2a2b-L91. Die Biologin Valentina Coia von Eurac Research stellte fest, dass die mütterliche Abstammungslinie von Ötzi (K1f) inzwischen ausgestorben ist. Spätere demografische Veränderungen haben die Genetik der Tiroler geprägt, indem sie einige genetische Linien ersetzten. Auch das Ergebnis, dass G2a heute in Sardinien und Korsika häufiger als im restlichen Italien vorkommt, bedeutet nicht, dass die Vorfahren der Tiroler aus dieser Gegend kamen. Wahrscheinlicher ist es, dass diese Haplogruppe von den ersten Ackerbauern und Viehzüchtern aus dem Nahen Osten nach Europa gebracht wurde. Sie ging über die nächsten Jahrtausende durch Wanderbewegungen verloren und blieb nur in isolierten Regionen erhalten.

ETHNOGENESE

Die frühesten Spuren des Menschen auf österreichischem Gebiet wurden im Paläolithikum von Neandertalern und ihren Nachkommen (den Orignac-Menschen) hinterlassen. Von der frühen Bronzezeit (2200 v. Chr.) bis zum 1. Jahrtausend v. Chr. war das Territorium des heutigen Österreichs die Heimat der damals in Mitteleuropa verbreiteten illyrischen Kultur. In der Zeit von 800 v. Chr. bis 400 v. Chr. entstand mit dem Königreich Noricum – ein Zusammenschluss keltischer Stämme – das erste Staatsgebilde auf österreichischem Boden. Der Westen war von verschiedenen rätischen Stämmen besiedelt. Es wird vermutet, dass die Räter durch die keltische Invasion der Poebene (um 400 v. Chr.) in die Alpen vertriebene und dort „verwilderte" Etrusker waren. Tatsächlich gilt eine sprachliche Verwandtschaft zwischen dem Rätischen und dem Etruskischen heute als gesichert.

Um die Zeitenwende eroberten und besiedelten die Römer das Land südlich der Donau. Die bedeutendste römische Siedlung auf dem Gebiet des heutigen Österreichs war Carnuntum. Während der fast 400 Jahre währenden römischen Herrschaft wurde die Bevölkerung latinisiert. Ab dem 5. Jahrhundert wurden die Römer von germanischen Stämmen bedrängt. Die Goten und Alamannen zogen durch das Land. Ab dem 6. Jahrhundert begann eine kontinuierliche Besiedlung durch die Bajuwaren und im heutigen Vorarlberg durch die Alamannen. Bis zum Ende des 6. Jahrhunderts hatten sich auch die letzten Reste des weströmischen Reiches aufgelöst. Durch die Awaren bedrängt, wanderten von Osten Slawen ein und gingen weiter nach Westen, bis sie um 610 auf die Bajuwaren trafen, die zu dieser Zeit, von Norden kommend, schon das Pustertal beherrschten.

Es gibt die Hypothese, der Namensbestandteil *bai* von *baiuvarii* habe nichts mit *boiohaemum* (lat. Böhmen) zu tun. Er bedeute vielmehr *grober Wollstoff* oder *Loden* – ein Stoff, der in Alpenländern immer noch beliebt ist. Auch wenn diese Theorie nicht stichhaltig erscheint, eines jedenfalls ist sicher: Von den Böhmen können die Bajuwaren nicht abstammen. Aber auch nicht von den keltischen Bojern, die im böhmischen Kessel ansässig waren, da diese schon im 1. Jahrhundert v. Chr. von den germanischen Markomannen verdrängt wurden. Nicht wenige Historiker sehen in den Markomannen die Vorfahren der Bajuwaren.

In dieser Zeit breiteten sich auch andere Völker auf dem Territorium des heutigen Österreichs aus. Zum Beispiel bildeten die slawischen Volksstämme um das Jahr 600 das erste unabhängige slawische Herrschaftsgebilde Europas: Karantanien. Nachdem die Awaren 567 das Reich der Gepiden zerstört hatten, übernahmen sie die Herrschaft über Pannonien, von wo aus sie 250 Jahre lang ein Reich beherrschten, das u. a. Wien, Niederösterreich, das Burgenland sowie Teile Oberösterreichs und der Steiermark umfasste. Von 627 bis 658 war der Raum Wien bis zur March Schauplatz eines Aufstandes der Slawen unter der Führung des fränkischen Kaufmanns Samo gegen die Awaren. Aber bereits um 650 kehrten die Awaren wieder in ihre Gebiete zurück. Die Dreiteilung des heutigen österreichischen Gebietes durch Bajuwaren, Awaren und Karantaniern endete im 8. Jahrhundert.

HERAUSBILDUNG EINER EIGENEN NATION

Unter den Karolingern kam es zu einem Erstarken des Frankenreichs. Um 800 schuf Karl der Große zwischen den Flüssen Donau und Drau eine Grenzmark gegen die Awaren. Nach dem Ende der Awarenkriege umfasste sie auch große Teile des geschlagenen ehemaligen Awarenreiches. 976 wurden die Babenberger mit Teilen dieses Gebietes belehnt. Nach dem Aussterben der Babenberger kam das Herzogtum Österreich 1282 an die Habsburger. Sie bauten durch eine geschickte Heirats- und Bündnispolitik ein Weltreich auf. Über viele Jahrhunderte war Österreich somit nicht nur einfach ein Teil des Römischen Reiches Deutscher Nation, sondern dessen Führungsmacht. Dies blieb auch nach dem Untergang des Römischen Reiches so. Als Mitglied des Deutschen Bundes war Österreich ebenso *deutsch* wie beispielsweise Württemberg, Bayern oder Preußen. Während der 1848er Revolution wehten auch in Wien schwarz-rot-goldene Fahnen. An der Wahl zur deutschen Nationalversammlung in Frankfurt am Main beteiligten sich auch die Österreicher. Durch das aufstrebende Preußen erwuchs Österreich jedoch ein mächtiger Rivale. Die Rivalität zwischen Österreich und Preußen führte 1866 zum „Deutschen Krieg“, den Österreich in der Schlacht bei Königgrätz verlor. Infolgedessen trat Österreich aus dem Deutschen Bund aus und verwandelte sich in die Doppelmonarchie Österreich-Ungarn. Aus Preußen wurde das Deutsche Kaiserreich. Erst jetzt konnte man von zwei getrennten Staaten sprechen.

Nach dem Zerfall Österreich-Ungarns wurde 1918 die Republik Österreich gegründet. Nach Jahrhunderten als Großmacht stand Österreich als Kleinstaat da. Niemand konnte sich vorstellen, dass dieses Restgebilde überlebensfähig sein könnte. Deshalb wurde bereits in der Proklamation der Republik 1918 festgehalten, dass Österreich ein Bestandteil Deutschlands sei. Die Volksabstimmung in Tirol 1921 brachte eine Mehrheit von 98 % für die Angliederung an Deutschland. Die Alliierten untersagten aber diese Absichten, weil man Deutschland ja nicht im 1. Weltkrieg besiegte, um es anschließend durch 7 Millionen Österreicher zu vergrößern. Nach dem 1. Weltkrieg blieben die meisten Österreicher deutschfreundlich eingestellt. So ist auch zu erklären, warum der Anschluss 1938 populär war und selbst von Gegnern des Nationalsozialismus begrüßt wurde.

Erst nach dem 2. Weltkrieg begann sich ein österreichisches Nationalbewusstsein in Abgrenzung zu Deutschland herauszubilden. Auch kulturell distanzierte sich Österreich von Deutschland: zum Beispiel wurden in der Schule die deutschen Klassiker durch österreichische ersetzt und anstelle des *Duden* das *Österreichische Wörterbuch* eingeführt. Diese Strategie funktionierte zunächst nur mäßig, weil die traditionellen Verbindungen trotz allem stark blieben. Mittlerweile fühlt sich die Mehrheit der Österreicher als ein eigenständiges Volk und nicht mehr als Deutsche. Was aber bleibt, sind eine gemeinsame Geschichte, Kultur und Sprache.

WER SIND DIE NIEDERLÄNDER?

Barentssee
eer
Finnland
Norwegen
Russland
Schweden
Estland
änemark
Lettland
Ostsee
Litauen
Russland
Weißrussland
eutschland
Polen
Ukraine
Tschechien
Slowakei
htenstein
Moldawien
Österreich
Ungarn
Slowenien
Kroatien
Rumänien
Georgie
Bosnien
und
Herzegowina
Serbien
Schwarzes Meer
Italien
Adriatisches Meer
Bulgarien
Montenegro
Kosovo
Nord-
mazedonien
Albanien
Türkei
yrrhenisches
Meer
Griechenland
Mittelmeer
Ägäisches Meer
Syrien

Ausgerechnet in der Nationalhymne, eigentlich Ausdruck der nationalen Identität, gibt es bei den Niederländern gleich in der ersten Strophe eine umstrittene Stelle: „Wilhelm von Nassau bin ich – von deutschem Blut." Doch an der Herkunft des verehrten Helden lässt sich nichts ändern, „weil Wilhelm von Oranien eben ein Deutscher war, geboren in Dillenburg im Westerwald", erklärt der Historiker Christoph Driessen.

Zum niederländischen Nationalhelden wurde er im 16. Jahrhundert, als er gegen die spanische Krone kämpfte. Das Volk rebellierte gegen die katholische Herrschaft, nachdem der spanische König Philipp II. die Rechte für Adel und Volk einschränkte und die sich ausbreitende Reformation niederschlug. Zwar versuchte der von der spanischen Krone als Statthalter eingesetzte Wilhelm zunächst, zwischen den Fronten zu vermitteln. Das bescherte ihm den Beinamen *Der Schweiger.* Als die spanischen Besatzer immer brutaler vorgingen, wechselte Wilhelm jedoch zum Widerstand und vereinte die Provinzen im Kampf. Auf Wilhelm geht auch die niederländische Symbolfarbe Orange zurück. Er erbte nämlich das Fürstentum Orange in Frankreich und den Titel *Prince d'Orange*, der seitdem von ihm statt des früheren Grafentitels verwendet wurde. Für viele Niederländer ist die Erwähnung des *deutschen Blutes* ein unerträglicher Zustand, auch wenn das auf ihren Urvater zurückgeht, daher wird in regelmäßigen Zeitabständen die Änderung des Textes gefordert, bisher aber erfolglos.

Die Niederländer sind eigentlich seit jeher mit den Deutschen in guter Nachbarschaft verbunden. Deutsche wurden früher zum Söldnerdienst in die Garnisonen Ostindiens eingezogen. Von jenseits der Grenze bezog das niederländische Bürgertum deutsche Dienstmädchen. Aus Westfalen wanderten junge Burschen zu, die ihr Glück im *Land der Pfeffersäcke* zu machen hofften. Einige von ihnen hatten sogar Erfolg, zum Beispiel die Brüder Clemens und August Brenninkmeyer, die mit einem Bauchladen begannen und Stammväter einer Textildynastie wurden.

Die deutsche Reichsgründung 1871 bedeutete für die Niederländer, dass ihre längste Grenze nun an eine Großmacht stieß, „deren wirtschaftlicher, kultureller und politischer Sog eine latente Bedrohung ihrer Eigenständigkeit einschloss", so der Historiker Herman Walther von der Dunk, ein reger Austausch fand dennoch weiterhin statt. Das änderte sich mit dem 2. Weltkrieg. Die Deutschen wurden schlagartig unbeliebt. Wenn in den 80er Jahren des vorigen Jahrhunderts auf dem Sneekermeer in Friesland Deutsche auf ihren Jachten lautstark wurden, hielten die Niederländer von ihren Segelbooten aus die Schilder mit dem unfreundlichen Hinweis entgegen: „Not so loud, Kraut!" Die Niederländer geben zu, dass sie seinerzeit deutsche Urlauber in Läden schlechter als einheimische Kunden bedienten oder von ihnen auf Märkten höhere Preise verlangten. Die Abneigung gegen das Deutsche ging eine Zeit so weit, dass sich die Niederländer aus der grenznahen Provinz Limburg, die in Rotterdam reüssieren wollten, um ein möglichst reines Hochniederländisch bemühten, denn ihr weicher Akzent erinnerte an die ungeliebten Nachbarn im Osten.

Doch seit 2006, behaupten Trendforscher, gebe es unter Niederländern einen Stimmungsumschwung. Plötzlich gelten die Deutschen laut Umfragen als die beliebtesten Nachbarn. Deutschland ist inzwischen das Reiseziel Nummer eins der Niederländer und hat Frankreich auf Platz zwei verwiesen. Die neue Nähe zeigt sich auch in der Sprache. Es gibt auf einmal *Oktoberfeste* und *Weizenbier*, Restaurants werben mit *Berliner Flair*, an der Prinzengracht kann man *Currywurst* essen und in Cafés wird in der kalten Jahreszeit *Glühwein* angeboten. Trotzdem bleiben einige deutsche Eigenschaften den Niederländern fremd. So heißt es, Deutsche blieben immer an einer roten Ampel stehen, selbst um 3 Uhr nachts. Sie seien fleißig und pünktlich, liebten aber Regeln und hielten sich sehr strikt an sie, sogar an sinnlose.

NIEDERLÄNDER ODER HOLLÄNDER?

Die offizielle Bezeichnung des Landes lautet *Koninkrijk der Nederlanden* (Königreich der Niederlande). Normalerweise wird die Kurzvariante *Nederland* (Niederlande) verwendet. Warum das Land so genannt wird, ist nicht schwer zu erraten, denn ein Großteil der Fläche liegt auf Höhe des Meeresspiegels oder sogar darunter. Aber wie steht es mit *Holland*? Diese Bezeichnung wurde erstmals 866 als *Holtland* (Holzland oder Waldland) für die Gegend um Haarlem erwähnt. Ursprünglich war es eine Grafschaft im Nordwesten der heutigen Niederlande. Vom 16. bis zum

18. Jahrhundert entwickelte sich Holland zur politisch und wirtschaftlich bedeutendsten aller Provinzen. Hier befinden sich auch wichtige Städte wie Amsterdam, Leiden, Den Haag und Rotterdam. Auf diese Zeit geht die bekannte Fehlbezeichnung zurück. Dabei existiert Holland als offizielle Provinz so nicht mehr. Sie wurde 1840 in Nordholland und Südholland aufgeteilt. Vor der Teilung lebten 29 % der Niederländer in Holland, heute sogar 36 %. 2019 entschied die Regierung, dass man *Holland* nicht mehr als Synonym für die Niederlande verwenden will.

SPRACHE

Unter den Verwandten des Deutschen steht das Niederländische ihm am nächsten, während Englisch und Friesisch erst in zweiter Linie durch die gemeinsame westgermanische Herkunft hinzukommen. Eine Tochtersprache des Niederländischen ist das Afrikaans in Südafrika, wo sich die niederländische Sprache der Buren mit heimischen Elementen vermischt und stark vereinfacht hat. Die Bezeichnung *Niederländisch* tauchte zum ersten Mal 1482 in einem Text auf, war jedoch zu dieser Zeit noch nicht frequent. Damals war die Bezeichnung *dietsch* gebräuchlicher, die auf den Namen *theudisk* zurückgeht, wie auch das Wort *Deutsch. Dietsch* wurde für die Dialekte in Flandern, Brabant, West-Limburg und Zeeland verwendet, *Duutsch* (Deutsch) für die übrigen Dialekte. In der Praxis wurden diese Bezeichnungen jedoch oft durcheinander gebracht. Im Englischen wird noch heute der Begriff *Dutch* verwendet, wenn man vom Niederländischen spricht.

Zwischen dem 16. und 18. Jahrhundert kam der Name *Nederduytsch* (Niederdeutsch) als Bezeichnung für das Niederländische in Gebrauch. Im 16. Jahrhundert bildete das niederländischsprachige Gebiet unter Karl dem V. mit 17 Provinzen eine Einheit. Durch die Bezeichnung *Niederdeutsch* konnte ihre eigene Sprache vom Deutschen im Osten unterschieden werden. Eine gemeinsame Standardsprache gab es jedoch noch lange nicht. Diese entwickelte sich erst ab dem 17. Jahrhundert. Damals lösten sich die Niederlande von der spanischen Krone und sieben – nun unabhängige – Provinzen schlossen sich zu einer Republik zusammen.

Niederländisch war schon immer eine germanische Schlüsselsprache an der Nordsee, nämlich als alteigenständiges Gebilde zwischen Englisch und Friesisch einerseits und Niederdeutsch und Hochdeutsch andererseits. Seine Besonderheit ist es, dass es im Gegensatz zum Deutschen keine Verschiebung der harten Verschlusslaute durchmachte (*tien/zehn*, *open/offen*) sowie keine durchgreifenden Umlaute verwirklichte (*groter/größer*, *boeken/Bücher*). Andererseits hebt es sich vom Englischen durch eine fehlende Palatalisierung ab (keuken/kitchen, slapen/sleep). Niederländisch steht mit zwei Geschlechtern (*de* bezeichnet Maskulinum und Femininum, *het* Neutrum) zwischen Deutsch (*der, die, das*) und Englisch (*the*). Insgesamt kommt ihm eine hohe Altertümlichkeit zu, da Niederländisch seine altgermanischen Strukturen wenig veränderte und so dem ältesten überlieferten Germanischen, dem Gotischen des 4. Jahrhunderts, nahesteht.

GENETIK

Die wichtigsten männlichen Haplogruppen sind R1b (52 %), I1 (16,5 %) und R1a (9 %). R1b gilt als keltisch, kommt aber auch bei einigen germanischen Völkern vor; R1a erreicht ihre höchste Konzentration in Europa bei West- und Ostslawen; I1 ist typisch für germanische Stämme und zumeist bei Dänen, Schweden, Norwegern und Norddeutschen anzutreffen. Die wichtigsten weiblichen Haplogruppen sind H (45 %), T2 (12 %), J (11 %) und K (10 %). Die Völker, die den Niederländern über ihre väterliche genetische Linie am nächsten stehen, sind Belgier (genetische Übereinstimmung zu 83 %), Deutsche (82,5 %), Engländer (80 %), Franzosen (78 %) und Dänen (68 %). Und die Völker, mit denen die Niederländer mütterlicherseits am engsten verwandt sind, sind Deutsche (90,9 %), Engländer (90,8 %), Franzosen (90,7 %), Dänen (89,8 %) und Belgier (87,4 %).

Was ihr Aussehen betrifft, gehören die meisten Niederländer (ohne die Migranten der letzten Jahrhunderte zu berücksichtigen) nach dem Anthropologen Nikolai Tscheboksarov zum atlantisch-baltischen Typ. Weiterhin sind folgende Typen anzutreffen: der zentraleuropäische (im Süden), der weißmeer-baltische (im Nordosten) und der indo-mediterrane (an der Küste und entlang des Rheins).

Die Niederländer weisen im Vergleich zu anderen Zentraleuropäern einen relativ hohen Anteil von Rothaarigen auf. Es wird angenommen, dass die Haplogruppe R1b (Untergruppe U106) durch das Gebiet des heutigen Österreichs in die Niederlande und Nordwestdeutschland migrierte. Da setzte sie ihre Expansion (um 1200 v. Chr.) nach Dänemark, Südschweden und Südnorwegen fort, wo nach der Vermischung mit den lokalen Haplogruppen I1 und R1a die alte germanische Kultur entstand. Heutzutage ist die Häufigkeit von roten Haaren unter den Germanen nicht nur in den Niederlanden, sondern auch in Belgien, Nordwestdeutschland und Jütland am häufigsten, überall dort, wo der Anteil von R1b am höchsten ist. Diese Gebiete wurden ursprünglich von R1b-Trägern besiedelt, wo sie sich mit den blondhaarigen R1a- und I1-Menschen aus Skandinavien vermischten und während der Eisenzeit wieder nach Süden expandierten.

ETHNOGENESE

Historiographische Zeugnisse zu den Vorfahren de Niederländer beginnen erst mit den Römern. So wird erzählt, dass im 1. Jahrhundert v. Chr. Ostgallien von einer Invasion rechtsrheinischer Stämme unter ihrem Anführer Ariovist bedroht wurde, weshalb ein Stamm namens *Aedui* Rom zu Hilfe rief. Am Ende der Geschichte war Ariovist aus Gallien vertrieben, doch auch die Kleinstaaterei der gallischen Stämme war beendet. Das Gebiet wurde zu einer römischen Provinz.

Aus dieser Zeit sind im Gebiet zwischen Gallien und Germanien zahlreiche Stämme bezeugt. Die Belger gehörten zum Beispiel zu den gallischen Stämmen nördlich der Flüsse Sequana (Seine) und Matrona (Marne). Ein weiterer großer Stammesverband im Westgermanischen waren die Bataver und die mit ihnen meist gemeinsam genannten Kanninefaten. Tacitus berichtete, die Bataver seien einst ein Teilstamm der im Gebiet des heutigen Hessens ansässigen Chatten gewesen. Von diesen hätten sie sich nach einer Auseinandersetzung abgespalten. Um 50 v. Chr. siedelten sich die Bataver im Rheindelta der römischen Provinz Belgica an. Unter ihrem Anführer Claudius Civilis, einem Befehlshaber in römischen Diensten, revoltierten sie 69 n. Chr. gegen die Römer. Der Aufstand konnte niedergeschlagen werden, doch erreichten die Bataver einen für sie günstigen Friedensschluss. Nachdem im 16. Jahrhundert der Humanist Cornelis Aurelius die Bataver zu direkten Vorfahren der Niederländer erklärte, diente der batavische Mythos der jungen niederländischen Republik zur Legitimation des Aufstandes gegen den spanischen König Philipp II. Ein dritter großer Stamm waren die Friesen. Nachdem das Gebiet der heutigen Niederlande von Römern zweigeteilt wurde, fanden sie sich – im Gegensatz zu den Batavern – außerhalb des römischen Territoriums, obgleich auch unter römischem Einfluss. Neben den Friesen erscheinen schon früh drei weitere Stammesnamen, die sich später an der Ethnogenese der Franken beteiligten: die Chamaver, die Brukterer und die Chauken.

Ab dem 2. Jahrhundert wurde das Römische Reich schwächer. Die Franken rückten südwärts in Richtung Gallien vor. Dadurch entstand ein römisch-germanisches Mischgebiet mit galloromanischen Ureinwohnern und fränkischen Invasoren. Im Osten siedelten sich die Sachsen an, im nördlichen Teil bildeten die Friesen eine starke Macht, und im Inland wohnten die Franken. Nach dem Zerfall des Römischen Reiches brach in Westeuropa die Zeit des Fränkischen Reiches an. Nach einigen Teilungen und Zusammenlegungen fiel das Territorium der Niederlande seit 1384 nach und nach zum Herzogtum Burgund, das später als Erbe an das Heilige Römische Reich deutscher Nation fiel. Nach dem Tod Kaiser Karls V., der zugleich spanischer König war, wurde das Gebiet der Niederlande von den spanischen Habsburgern geerbt. Unter Karls Sohn Philipp II. kam es zu einer Serie von Aufständen unter der Führung von Wilhelm von Oranien. Der Graben zwischen spanientreuen Katholiken und radikalen Calvinisten war zu tief aufgerissen und führte dazu, dass sich die calvinistischen Provinzen Holland, Zeeland und Utrecht 1579 zu einem Verteidigungsbündnis zusammenschlossen, der *Utrechter Union*. Dieser Vertrag wurde zur Gründungsurkunde eines neuen Staates, der *Republik der Vereinigten Niederlande*. 1581 taten die *Generalstaaten* – die allgemeine Ständeversammlung – den letzten Schritt und erklärten ihre Unabhängigkeit von der spanischen Krone. Aber erst im Frieden von Münster 1648 wurde diese Unabhängigkeit der Niederlande von Spanien anerkannt.

Dieses Datum gilt als Geburtstag der Niederlande, die sich gleichzeitig mit der Schweiz vom Reich trennten. Die südlichen Niederlande – das heutige Belgien – blieben hingegen bei Spanien, sodass die Niederlande fortan geteilt waren. Allerdings ist die Herausbildung einer niederländischen Identität ein vielschichtiger Prozess, bei dem die Herrschaft der Spanier nur eine Facette von vielen bildete. Die Niederländer entwickelten sich allmählich zu einer eigenen Nation. „Wir sind Niederländer, wir sind keine Deutschen", verkündete der niederländische Staatsmann Johan Rudolf Thorbecke im 19. Jahrhundert, „aber wir erkennen an und rühmen uns unserer Verwandtschaft in Geist und Blut."

Die Verbundenheit der Deutschen und der Niederländer war noch lange Zeit groß. So ergriffen Deutsche Ende des 19. Jahrhunderts Partei gegen England und für Ohm Krügers bedrängte Burenrepublik. Umgekehrt wurde dem deutschen Kaiser Wilhelm II. 1918 in den Niederlanden Asyl gewährt. Das Ganze änderte sich mit dem 2. Weltkrieg. Gerade die Selbstverständlichkeit, mit der die Deutschen meinten, das Land einnehmen zu können, wurde von dem Volk, das sich im 16. Jahrhundert von der Vorherrschaft eines übermächtigen Spanien befreit hatte, als Erniedrigung empfunden. Mit den Dänen und Norwegern teilten die Niederländer das Privileg, im Sinne der NS-Ideologie zu den Ariern gezählt und damit nach Kriegsende gleichberechtigte Partner im *Großgermanischen Reich* zu werden. 55.000 Niederländer folgten freiwillig den germanischen Lockrufen und kämpften als Hitlers Soldaten. Auch die niederländische Wirtschaft arrangierte sich mit den neuen Herren und ließ sich in die deutsche Kriegswirtschaft integrieren.

Nach dem Krieg dann „stilisierten sich die Niederländer zum guten Volk im Gegensatz zum schlechten deutschen Volk", so der Historiker Michael North. Und ein Ausspruch des niederländischen Musikwissenschaftlers Rudolf Mengelberg besagt, dass Deutsche und Niederländer „Brüder im Blut, Fremde im Geist" seien.

WER SIND SIE SCHWEIZER?

Barentssee
eer
Finnland
Russland
Norwegen
Schweden
Estland
änemark
Lettland
Ostsee
Litauen
Russland
Weißrussland
eutschland
Polen
Tschechien
Ukraine
Slowakei
chtenstein
Moldawien
Österreich
Ungarn
Slowenien
Kroatien
Rumänien
Georgie
Bosnien
und
Herzegowina
Serbien
Schwarzes Meer
Italien
Adriatisches Meer
Bulgarien
Montenegro
Kosovo
Nord-
mazedonien
Albanien
yrrhenisches
Meer
Griechenland
Türkei
Mittelmeer
Ägäisches Meer
Syrien

Deutschland ist in der Schweiz allgegenwärtig. „Preise wie in Deutschland", werben dort Geschäfte, die auf ihre Sonderangebote aufmerksam machen. „Zum Zahnarzt nach Deutschland", steht als Werbung auf den Zürcher Trambahnen. Trotzdem ist das Verhältnis zu den Deutschen dort von erstaunlichen Ängsten geprägt – nämlich von dem nördlichen Nachbarn überrannt zu werden und die eigene Identität zu verlieren. Unter Deutschen gilt die Schweiz als das beliebteste Auswanderungsland, 30.000 Deutsche siedeln pro Jahr in die Schweiz um. 2022 hatten bereits 311.000 Deutsche ihren Wohnsitz in der Schweiz, was für das kleine Alpenland sehr viel ist.

Es gibt auch sprachliche Gründe, die die Schweizer von den Deutschen emotional trennen. So sagt der Journalist Bruno Ziauddin: „Den Normalschweizer plagt schon so etwas wie ein Sprachkomplex. Er hat Deutschen gegenüber ein latentes Minderwertigkeitsgefühl, das ihn hartnäckig verfolgt. Spricht er Hochdeutsch, fühlt er sich, nicht zuletzt mangels Übung, rasch einmal plump, langsam, ungelenk und ein bisschen dumm. Umgekehrt erlebt er Deutsche als schneller, schlagfertiger, eleganter, präziser im Ausdruck. Und seine Mundart, die verteidigt der Schweizer zwar wie ein Leopardenweibchen ihre Jungen, aber eben, es ist keine Hochsprache, keine Schriftsprache, keine Kultursprache, und Spott aus dem Ausland gibt's zur Genüge. Ein unverkrampftes Selbstbewusstsein lässt sich unter diesen Umständen nur schwer entwickeln." Und dabei haben die Schweizer doch allen Grund, stolz auf eine ganz eigene Geschichte sein zu können.

HERKUNFT DER BEZEICHNUNG

Schweiz leitet sich von der Kantonsbezeichnung Schwyz ab, wobei die erstmalige Erwähnung *Suittes* im Jahre 972 nicht dem Land, sondern der Bevölkerung galt. Das Wort selbst könnte vom althochdeutschen *schwimmen* oder *schweben* abgeleitet sein. Schwyz befindet sich nämlich zwischen zwei Seen. Der Forscher Viktor Weibel stellt einen weiteren Zusammenhang her. Ihm zufolge kommt der Name aus dem Indoeuropäischen. Die Sprachwurzel wäre demnach *sueid* oder *sueit*, und das stehe für *hell, glänzend*. Der Name könnte auch der germanischen Stammesgruppe der Sueben geschuldet sein, die im 3. Jahrhundert in diese Region zogen, und nach denen auch die Schwaben genannt wurden. Für die Übertragung des Namens *Schwyz* auf das gesamte Land gibt es mehrere Erklärungen. Eine liegt in der herausragenden Stellung des Kantons Schwyz. Der Sieg im Morgartenkrieg 1315 machte die Schwyzer in Süddeutschland bekannt und förderte die Bezeichnung *Switzer*, *Switenses* oder Swicenses für die Eidgenossen. Der moderne Wortgebrauch spiegelt eigentlich die deutsche Außenperspektive, deswegen kam es auch zur Transformation von *Schwyz* zu *Schweiz*.

Die Schweiz hat drei große Sprachräume: einen deutschen, einen französischen und einen italienischen. Als viertes Sprachgebiet kommt das Rätoromanische hinzu (in Teilen des Kantons Graubünden). Um keinen von ihnen zu bevorzugen, lautet das Landeskennzeichen „CH", die Abkürzung der lateinischen Bezeichnung *Confoederatio Helvetica*, die auf den keltischen Stamm der Helvetier zurückgeht.

SEIT WANN GIBT ES DIE SCHWEIZ?

Auf dem Rütli, einer Wiese am Ufer des Vierwaldstättersees, versammelten sich Dutzende Männer, Vertreter der Landgemeinden Schwyz, Uri und Unterwalden, um einen Eid zu leisten. „Wir wollen frei sein, wie die Väter waren, eher den Tod, als in der Knechtschaft leben." So schilderte Friedrich Schiller im Drama *Wilhelm Tell* die Entstehung der Schweiz. Doch an der Geschichte ist manches ungereimt, sogar das Datum. Schiller vermutete den Rütlischwur im Jahr 1307. Auch der Chronist Ägidius Tschudi hielt in seinem *Chronicon Helveticum* aus dem 16. Jahrhundert das Jahr 1307 fest.

Warum wurde aber das offizielle Gründungsjahr der Schweiz auf 1291 vorverlegt? Die Ursachen dafür sind in der neueren Geschichte zu suchen. Ende des 19. Jahrhunderts wollte man mit einer nationalen Feier die Einheit des Landes stärken. In einer Botschaft des Bundesrates an die Bundesversammlung hieß es: „Die Schweizerische Eidgenossenschaft hat ihren Anfang genommen mit dem ewigen Bunde, welcher von den Leuten von Uri, Schwyz und Unterwalden am 1. August 1291 errichtet worden ist." Für dieses Datum gab es einen dokumentierten Anhaltspunkt, nämlich eine auf Anfang August 1291 datierte Urkunde, laut der sich Schwyz, Uri und Unterwalden wegen der unsicheren Zeiten nach dem Tod des deutschen Königs Rudolf von Habsburg zu einem Bündnis zusammentaten, allerdings wohl kaum auf dem Rütli. „Man muss davon ausgehen, dass sie von einem Schreiber in einer Kanzlei verfasst worden ist," meint der Schweizer Historiker André Holenstein. „Drei Kommunen sichern sich gegenseitig Unterstützung zu, aber wenn man den Text liest, ist da nichts von einer Staatsgründung, ist da nichts von einem revolutionären Aufstand zu lesen", fügt er hinzu.

Zwar kam es seinerzeit immer wieder zu Zusammenstößen mit den Habsburgern, deren Machtzentrum im Raum der heutigen Schweiz lag, bevor es sich im 14. Jahrhundert nach Österreich verschob, allerdings darf man das nicht einseitig sehen, denn die Habsburger waren auch oft Verbündete einzelner eidgenössischer Gemeinden gewesen. Der Mythos von einem regelrechen Freiheitskampf Schweizer Bauern gegen die habsburgische Tyrannei kam erst 180 Jahre nach dem angeblichen Ereignis auf, denn die Eidgenossenschaft als politisches Gebilde war erst nach 1450 so weit konsolidiert, dass das Bedürfnis aufkam, sich eine heroische Ursprungsgeschichte zuzulegen.

GENETIK

Die Schweizer sind das Ergebnis einer Mischung aus verschiedenen kulturellen Einflüssen. Es ist daher nicht einfach, sie als eine einheitliche ethnische Gruppe zu definieren. Trotzdem kann man die Genetik zu Rate ziehen, um der Herkunft dieses Volkes auf den Grund zu gehen. Mütterlicherseits sind bei den Schweizern folgende Haplogruppen vorherrschend: H (28 %), U4 und U5 (14 %), K (7 %) und J (5 %). Somit ähnelt die genetische Zusammensetzung der Schweizer derjenigen Mitteleuropas. Das liegt daran, dass einerseits das Gebiet der heutigen Schweiz am Schnittpunkt mehrerer prähistorischer Völkerwanderungen lag und andererseits die Alpen als Zufluchtsort dienten.

Mehr Vielfalt gibt es bei der Genetik väterlicherseits: die absolut dominierende Haplogruppe ist dabei R1b (48,5 %), die je nach Untergruppe sowohl als keltisch als auch germanisch gilt. Die Schweizer haben mehrheitlich die Untergruppe U152 (58 %), die als keltisch angesehen wird. Die germanische Untergruppe U106 ist nur bei 13 % der R1b-Träger vertreten. Das heißt, dass mehr Schweizer keltischen denn germanischen Ursprungs sind, wobei diese Trennung an manchen Orten skurril ausfällt. Ein DNA-Test von Einwohnern der Kantone Ob- und Nidwalden kam beispielsweise zu einem interessanten Ergebnis: Die Obwaldner stammen von Kelten ab, die Nidwaldner von Germanen.

Weitere kleinere Haplogruppen in der Schweiz sind G2a (10 %), E1b1 (9 %), R1a (7 %), I1 (7 %), J2 (6 %) und I2 (4 %), die auf die Zeit der Völkerwanderung und Invasionen von Sarmaten, Alanen, Hunnen und Slawen hindeuten. I1 gilt zwar auch als eine germanische Haplogruppe, sie kommt allerdings zumeist in Skandinavien und Norddeutschland vor. Das Römische Reich siedelte zudem ab dem 4. Jahrhundert fremde Völker zur Verteidigung besonders bedrohter Gebiete an, indem es ihnen einen Vertrag (*foedus*) gewährte, der zu ihrer Bezeichnung als *foederati* führte.

Später, im 9. und 10. Jahrhundert, wurden verschiedene Gebiete, die heute zur Schweiz gehören, von den Sarazenen bedroht, wobei vieles darüber immer noch unklar ist. Überliefert ist einzig, dass sie von einer Basis in Südfrankreich aus Richtung Norditalien vordrangen und westliche Alpenpässe eroberten. Sie waren bis nach Chur und St. Gallen vorgedrungen, bevor sie von fränkischen Armeen zurückgedrängt wurden. Zur gleichen Zeit bedrohten auch Ungarn das Territorium der Schweiz. Sie kamen ursprünglich aus Asien, erreichten die Donau und wanderten weiter westwärts. 917 zerstörten sie Basel, später brannten sie die Klöster St. Gallen und Rheinau nieder. Erst dem deutschen König Otto I. gelang es im Jahr 955, die Ungarn zu vertreiben.

SPACHENTWICKLUNG/ETHNOGENESE

Römerzeit

Die Schweizer sind stolz auf ihre Mehrsprachigkeit. Aber wie ist es eigentlich dazu gekommen? Es gab Zeiten, in denen das ganze Land mehr oder weniger einsprachig war. Dies war zur Zeit der Kelten der Fall, sofern man Keltisch als eine fest definierte Sprache betrachtet. Zu den Kelten der Schweiz zählten vor allem die Helvetier. Im 1. Jahrhundert vor Christus besiedelten sie das Gebiet des heutigen schweizerischen Mittellandes sowie Südwestdeutschlands. Die östlichen Gebiete der heutigen Schweiz wurden von den Rätern bewohnt, die gemäß einer Theorie von den Etruskern abstammen sollen. Auch die Boier und die Rauriker im Baselgebiet, die Allobroger bei Genf und die Lepontier im Tessin zählten zu den Kelten. Im 2. Jahrhundert vor Christus eroberten die Römer das Gebiet des heutigen Südtessins. Später kam auch das Rhonetal dazu, um den Weg von Italien nach Spanien zu kontrollieren. 58 v. Chr. hinderte Julius Cäsar die Helvetier daran, das Gebiet des Schweizer Mittellandes zu verlassen, um in das heutige Gebiet Frankreichs auszuwandern. Bei Bibracte (nahe Autun in der Bourgogne) wurden die Helvetier vernichtend geschlagen. Tausende Kriegsgefangene verkaufte Cäsar als Sklaven, 110.000 Überlebende wurden zur Rückkehr gezwungen. Nach dem Tod Cäsars gelang es den Römern, ihren Einfluss auf dem Schweizer Territorium zu vertiefen. Die Räter gerieten im Jahr 15 v. Chr. unter ihre Herrschaft.

Ansiedlung der Burgunder

Ab dem 4. Jahrhundert wanderten germanische Völker immer weiter westwärts, getrieben von Hunnen und anderen Völkern, die aus Zentralasien nach Europa vorstießen. Die römischen Legionen zogen sich daraufhin im 5. Jahrhundert nach und nach zurück. Sie wollten ihre Kräfte auf die Verteidigung ihres Kernlandes konzentrieren. Die Ansiedlung der Germanen geschah auf friedliche Art, zum Teil sogar auf Geheiß der Römer. Aëtius, Regent im weströmischen Imperium, hatte die Idee, zur Sicherung der Grenzen germanische Verbündete in Grenznähe anzusiedeln. Eine Chronik berichtet, dass im Jahr 443 Reste der Burgunder, die ursprünglich in der Gegend von Worms gewohnt hatten und dort von den Hunnen Attilas aufgerieben worden waren (das Nibelungenlied berichtete später darüber), auf Aëtius' Geheiß in der *Sapaudia* (keltisch für *Waldland*; das heutige Savoyen) angesiedelt wurden. Es ist anzunehmen, dass die Burgunder nach einer Phase der Zweisprachigkeit die Sprache der einheimischen Bevölkerung übernahmen. Und dies so gründlich, dass nur wenig von der burgundischen Sprache übrig blieb, nämlich nur einige Wörter aus einem Gesetz sowie eine Handvoll Eigennamen und Ortsnamen. Sprachwissenschaftler nehmen an, dass die in der Romandie häufigen Ortsnamen, die mit *-ens* enden, auf das burgundische Suffix *-ingos*, zurückgehen.

Einfall der Alemannen

Ganz anders war die Entwicklung im östlichen Schweizer Mittelland. Hier wanderten vom 6. bis zum 8. Jahrhundert – von Norden her – alemannische Siedler ein, und diese brachten, wie zuvor die Burgunder in der Romandie, ihre germanische Sprache mit. Der Altbundesrat Arnold Koller erinnert sich, dass er in der Schule noch gelernt habe, wie „blutrünstige Alemannenhorden" einst ins keltisch-römische Helvetien eingefallen seien, um die romanische Zivilisation auszulöschen und den Raum der heutigen Nordschweiz ins dunkle Mittelalter zu stoßen. Was sagt nun die moderne historische Wissenschaft zu dem Bild vom „kriegerischen blonden Alemannen"? Für eine kurze Phase trifft diese Beschreibung sicher zu: 259/260 überwanden Alemannen den römischen Limes und drangen bis in die heutige Schweiz und in norditalienische Regionen vor. Sie wurden aber rasch nach Norden zurückgedrängt. In dem von den Römern vergebenen Namen *Alamanni* sehen frühere Autoren die Bedeutung *Menschen* oder *Männer. Alamanni* ist also ein Sammel-, kein Herkunftsbegriff. Das ist ein Hinweis darauf, dass es sich dabei um keine ethnisch einheitliche Gruppe handelte. Experten glauben heute, dass mehrere elbgermanische Stämme über viele Generationen hinweg ins ehemals römisch besetzte Gebiet des heutigen Südwestdeutschlands einsickerten. Das aber war kein kriegerischer Überfall. Zu dieser Zeit hatte die römische Verwaltung Südwestdeutschland schon verlassen. Insbesondere nach der Niederlage der Alemannen gegen die Franken 496 wurde auch der Schweizer Norden nach und nach alemannisch besiedelt, als Landnahme zwischen den verbliebenen keltischen Helvetiern und römischen Veteranen. Gleichwohl behielt die alemannische Sprache ihre Prägekraft.

Sprachliche Teilung

Während sich in der burgundischen Westschweiz das Latein zum heutigen Französisch entwickelte, blieb Alemannisch die Sprache, die heute vom Rhein bis in die Alpen gesprochen wird. Weshalb haben sich die germanischen Burgunder assimiliert, nicht aber die germanischen Alemannen? Eine mögliche Antwort liegt in der Zahl der Immigranten. Die Burgunder kamen in kleiner Zahl und trafen auf eine dichte und intensiv romanisierte Bevölkerung. Der Forscher Justin Favrod schätzt die burgundische Bevölkerung in der Westschweiz auf weniger als 25.000 Personen und die einheimische Bevölkerung auf das Zehnfache. Zudem waren die Burgunder Kriegsflüchtlinge und hatten keinen anderen Wunsch, als sich am neuen Ort zu integrieren. Auch kamen sie als Verbündete, nicht als Feinde ins Land. Überdies lebten sie bereits seit Jahrzehnten im Kontakt mit der römischen Kultur und waren teilweise bereits romanisiert. Und schließlich waren sie auch Christen (Arianer). Der Kontakt mit den Einheimischen verlief relativ reibungslos und Mischehen wurden bald eine Selbstverständlichkeit.

Die Alemannen dagegen kamen erst zu einer Zeit, als die römischen Strukturen bereits in Trümmern lagen, und sie kamen in eine weniger dicht besiedelte und teilweise verlassene Gegend. Die romanischen Bewohner zogen sich derweil in die Städte und in die Nähe der römischen Festungen zurück. Zudem waren die Alemannen keine Christen. Der kulturelle Abstand zur romanischen Bevölkerung war größer als bei Burgundern. Diese Faktoren haben ihre sprachliche Assimilation erschwert. Andres Kristol formuliert noch eine andere Hypothese: „Die Germanisierung der heutigen Deutschschweiz scheint den anderswo gemachten Beobachtungen entgegenzulaufen, dass die Landbevölkerung die Sprache der Städte annimmt und dass sich die Immigranten der ansässigen Bevölkerung anpassen. Vielleicht hängt dieses Phänomen mit den großen Pestepidemien zusammen, die das romanische Westeuropa in den Jahren 540 bis 690 heimsuchten und die romanischen Stadtbewohner härter trafen als die auf zerstreuten Bauernhöfen lebende germanische Landbevölkerung."

Auf dem Weg zur Eigenstaatlichkeit

Obwohl sich die Alemannen sprachlich nicht romanisierten, fand später doch ein Kulturtransfer durch Religion statt. Der Heilige Gallus, der im 7. Jahrhundert den irischen Mönch Columban nach Zürich und an den Bodensee begleitete, taufte sie. Das Christentum, aber auch das von Franken eingeführte Feudalsystem, bildete einen kulturellen Schmelztiegel, in dem Unterschiede an Bedeutung verloren und verschiedene Völker zu einer Einheit wurden. Ab dem 5. Jahrhundert dehnten die Franken auf Kosten der Westgoten, Alemannen, Langobarden und Burgunder ihre Herrschaft auf ganz Gallien und das Gebiet jenseits des Rheins aus. Rätien kam 536 ebenfalls unter fränkische Herrschaft. Im 10. Jahrhundert gerieten die heutige Ost- und Zentralschweiz unter schwäbische Herrschaft, die Westschweiz gehörte zum Burgund. Erst ab dem 11. Jahrhundert wurde das gesamte Gebiet von einem einzigen Herrscher, dem deutschen Kaiser, regiert.

Zu einer Zerreißprobe wurde für die Schweizer später die Reformation. Ab 1519 versuchte der Reformator Zwingli von Zürich aus, seinen protestantischen Glauben für die ganze Schweiz verbindlich zu machen. In der Folge kam es zu den ersten Religionskriegen in Europa. Gemäß der Einigung im *Zweiten Kappeler Landfrieden* 1531 sollten die Kantone fortan über ihren Glauben in ihrem Herrschaftsgebiet selbst entscheiden. Trotzdem schwächte der Gegensatz zwischen Katholiken und Protestanten die Schweiz. Man konnte sich nie auf ein gemeinsames Vorgehen einigen. Dass sich die Schweiz im 17. Jahrhundert aus dem Dreißigjährigen Krieg heraushielt, lag eben an dieser innenpolitischen Schwäche. Für ihr Stillhalten wurde die Schweiz aber letztendlich belohnt: 1648 erreichte sie offiziell die Unabhängigkeit vom Heiligen Römischen Reich deutscher Nation, auch wenn sie sich mit dem Frieden zu Basel 1499 faktisch schon früher aus dem Verband des Heiligen Römischen Reichs herausgelöst hat. Erst ab da konnten die Schweizer nicht mehr als ein Teil des deutschen Volkes, sondern als ein eigenes Volk betrachtet werden.

WER SIND DIE ENGLÄNDER?

Barentssee
eer
Finnland
Russland
Norwegen
Schweden
Estland
änemark
Lettland
Ostsee
Litauen
Russland
Weißrussland
eutschland
Polen
Tschechien
Ukraine
Slowakei
htenstein
Moldawien
Österreich
Ungarn
Slowenien
Kroatien
Rumänien
Georgie
Bosnien
und
Herzegowina
Serbien
Schwarzes Meer
Italien
Adriatisches Meer
Montenegro
Kosovo
Bulgarien
Nord-
mazedonien
Albanien
yrrhenisches
Meer
Griechenland
Türkei
Mittelmeer
Ägäisches Meer
Syrien

Heiligabend 1914, Erster Weltkrieg: Am Ploegsteert-Wald bei St. Yvon, südlich der flandrischen Stadt Mesen, liegt die 2. Kompanie des Königlich-Sächsischen Infanterie-Regiments einer britischen Einheit gegenüber. Hinter den Männern liegen monatelange schwere Kämpfe. Dass der Krieg in kurzer Zeit beendet sein wird und sie Weihnachten wieder zu Hause sind, haben ihnen ihre Regierungen versprochen, und nun sitzen sie in kalten und schlammigen Gräben fest. Auch in den Tagen vor Weihnachten gibt es schwere Gefechte, doch am 24. Dezember herrscht an den meisten Frontabschnitten in Belgien und Frankreich Ruhe. Die von den militärischen Führungsebenen als „Fraternisierungen" gescholtenen Ereignisse des Weihnachtsfriedens beginnen hier mit lokalen Feuerpausen zur Bergung der Gefallenen. Nachdem diese beerdigt sind, kommt man ins Gespräch und hält sogar gemeinsame Gottesdienste ab. Die Verbrüderungen setzen sich auch am 25. Dezember fort. Geschenke werden ausgetauscht, darunter auch Präsente wie zwei Fässer Bier, die sächsische Soldaten den *Royal Welsh Fusiliers* kredenzen, wofür sie mit Plum Pudding vergütet werden. Sogar ein Fußballspiel wird ausgetragen. Die Sachsen überzeugen die Briten mit dieser einfachen Logik: „We are Saxons, you are Anglosaxons, why should we shoot each other?" Das Fußballspiel endet mit einem 3:2-Erfolg der Deutschen, der Krieg setz sich dann aber leider fort. Nun stellt sich die Frage, wer diese Angelsachsen tatsächlich sind: Angeln oder Sachsen oder …?

GENETIK UND SPRACHE

Nach gängiger Lesart dominierten auf dem Territorium des heutigen Großbritannien vor der Zeitenwende die Kelten, dann wurde der Süden durch die Römer besetzt. Nach diesen kamen unter anderen die Angeln und Sachsen. Während ihrer Herrschaft fielen ab dem 9. Jahrhundert immer wieder Wikinger an der Südostküste Englands ein und hinterließen dort eigene Siedlungen. 1066 schließlich kamen die Normannen, ihre Nachkommen behielten über Jahrhunderte hinweg die Herrschaft.

Doch hinterließen Römer, Wikinger und Normannen kaum Spuren im Genpool der Briten. Die Bevölkerung Südenglands teilt 40 % ihrer

DNA mit den heutigen Franzosen, diese genetischen Merkmale stammen von einer Einwanderungswelle nach der letzten Eiszeit vor 10.000 Jahren. Die DNA der Wikinger oder der Römer ist bei den Briten sehr viel seltener vorhanden. Wenn man die Bevölkerung Großbritanniens genetisch in drei Gruppen einteilen möchte, dann sind das die Orkney-Inseln, Wales und alle übrigen Regionen. Wales lässt sich dabei sogar noch einmal in eine Nord- und eine Südhälfte aufteilen, denn die Bewohner von Süd-Wales und Nord-Wales unterscheiden sich stärker voneinander als die Bewohner in England und Schottland. Außergewöhnlich ist die Genetik der Bewohner der Orkney-Inseln, sie stammen zu 25 % von Skandinaviern aus Norwegen ab. Die Genetik der Schotten ist hingegen zu 30 % angelsächsisch, und somit unterscheiden sie sich nur wenig von den Engländern. Es gab auch nie eine einheitliche keltische Bevölkerung in Schottland, Wales, Nordirland und Cornwall, denn es wurden kaum gemeinsame Gene festgestellt. Jedoch trifft man auch dort die Spuren der Angelsachsen an. Die Waliser teilen zwischen 20 % und 30 % ihrer DNA mit der heutigen deutschen Bevölkerung. Und wie steht es mit Engländern? Sie sind von allen Briten den Deutschen am nächsten verwandt.

Die doppelte Bedeutung von *German* im Englischen kann manchmal für Verwirrung sorgen, zum Beispiel, wenn etwa die *Germans* in der Überschrift einer Pressemitteilung der Universität Reading zu *Deutschen* werden, obwohl die gemeinten Angeln, Sachsen und Friesen im 5. Jahrhundert wohl eher als Germanen zu bezeichnen sind. Normalerweise wäre eine solche Verwirrung unwichtig, doch in dieser Studie ging es für Nationalisten ans Eingemachte: die Ahnen der heutigen Engländer. Der Populationsgenetiker Mark Thomas vom University College London, der Bioinformatiker Michael Stumpf vom Imperial College London und der Archäologe Heinrich Härke von der Uni Reading haben herausgefunden, dass zumindest in der männlichen Linie mehr als die Hälfte der heutigen Engländern genetisch nicht von den rund zwei Millionen romanisierten keltischen Briten abstammen, sondern von den höchstens 200.000 Germanen, die im 5. Jahrhundert den größten Teil der Insel eroberten. Die Menschen aus der englischen Provinz sind also mit den Norddeutschen enger verwandt als mit ihren eigenen Landsleuten aus Wales oder Schottland.

Dieses Ergebnis durch Analysen des Y-Chromosoms, das nur bei Männern vorkommt, stieß bei vielen Historikern auf Widerspruch. Sie fragten, wie eine so kleine Gruppe die deutliche Bevölkerungsmehrheit hätte assimilieren können. Immerhin, so die Historiker, fänden sich von den rund 500 Jahre später in England eingefallenen Normannen nur wenige genetische Spuren in der heutigen Bevölkerung, obwohl auch diese das Land vergleichsweise lange beherrschten. Die Wissenschaftler versuchten nun, archäologische Funde, überlieferte Texte wie die Gesetzessammlung des englischen Königs Ine von Wessex sowie die genetischen Daten unter einen Hut zu bekommen. In ihren Computersimulationen kamen sie zu dem Ergebnis, dass die Angelsachsen den von Briten bevölkerten Teil der Insel südlich des römischen Hadrianswalls mithilfe einer Rechtsordnung germanisiert hatten, die an die ehemalige Apartheid aus Südafrika erinnert. In den Gesetzen von Ine von Wessex aus dem 7. Jahrhundert haben die Angelsachsen und die als *Welsh* bezeichneten eingeborenen Briten einen unterschiedlichen Sozialstatus. So musste für einen getöteten Angelsachsen ein bis zu fünfmal höheres Blutgeld bezahlt werden als für einen erschlagenen Briten. Und Regelungen anderer germanischer Eroberer aus dieser Zeit nach dem Zusammenbruch des weströmischen Reiches lassen annehmen, dass die Angelsachsen in England ebenso wie später die Normannen und vor ihnen die Goten in Südfrankreich und Spanien Ehen zwischen den Ihren und der einheimischen Bevölkerung verboten hatten. Das Ergebnis dieser „Apartheid-Politik" und der daraus resultierenden deutlich schlechteren ökonomischen Lage der einheimischen Briten war, dass die Angelsachsen über mehrere Jahrhunderte einen höheren Fortpflanzungserfolg aufwiesen.

Die angelsächsische Dominanz schlug sich nicht nur in den Genen nieder, sondern auch in der Sprache. Im modernen Englisch gibt es nur wenige keltische Spuren. Römer, Normannen und vor allem Angelsachsen brachten viel mehr in den englischen Wortschatz ein. Auch wenn sich im Laufe der Zeit die altenglische Sprache verändert hat, finden sich heute noch über 5.000 Wörter aus dem Angelsächsischen im modernen Englisch wieder. Sie weisen eine erstaunliche Ähnlichkeit mit dem heutigen Plattdeutschen auf. Beispiele dafür sind *Messer* (englisch: *knife*, plattdeutsch: *Kniv*), *Fuß* (englisch und plattdeutsch: *foot*), *Wasser* (englisch und plattdeutsch: *water*) oder *Sonnenschein* (englisch: *sunshine*, plattdeutsch: *Sünnschien*), aber auch Zahlen wie *zehn* (englisch: *ten*, plattdeutsch: *tein*) oder Pronomen wie *er* (englisch und plattdeutsch: *he*). In den englischen Wochentagen lässt sich erkennen, dass die germanischen Ursprünge aus der Sprache nicht wegzudenken sind. So stammt der *Tuesday* (Dienstag) vom germanischen Gott Tiu (Tyr), der *Wednesday* (Mittwoch) von Wotan und der *Thursday* (Donnerstag) von Donar (Thor), dem Gott des Donners.

WER WAREN DIE ANGELSACHSEN?

Im englischen Sprachgebrauch ist es heute noch üblich, von den Bewohnern als den *Anglo-Saxons* zu reden. Wer genau diese Angelsachsen waren, darüber ist nur wenig bekannt, denn mit dem Abzug der römischen Truppen aus Britannien nehmen die schriftlichen Quellen ab. Genau zu bestimmen, wer später auf die britischen Inseln kam, ist schwierig. Die Völker wussten es ja nicht mal selbst. Wir sprechen über eine Zeit, in der in Europa viel Bewegung herrschte, und das im wörtlichen Sinn. Damals wanderten auf dem Kontinent kleinere und größere Gruppen von Angeln, Sachsen, Goten, Langobarden, Franken und anderen umher. Einige dieser Gruppen schafften es auch auf die britische Insel.

Seit dem 4. Jahrhundert, wenn nicht schon ein wenig früher, büßte die Großmacht Rom an Stärke und Einfluss in Europa ein. Es sprachen sich mit der Zeit immer wieder konkurrierende Kaiser gegenseitig die Autorität ab, während sich Einfälle von außen in das römische Reichsgebiet häuften. Die Machthaber waren gezwungen, *Barbaren* von jenseits der Reichsgrenzen anzuheuern, um in den Grenzgebieten für Sicherheit zu sorgen. Diese Söldner wurden *Foederaten* genannt. Die Historiker gehen davon aus, dass sich diese Geschichte in einer ähnlichen Form auch in der römischen Provinz Britannien abgespielt hat.

Ab dem 5. Jahrhundert dürften dort die ersten Foederaten, die später als Angelsachsen bekannten Gruppen, gelandet sein, um die örtlichen Siedlungen zu verteidigen. Leider hilft diese Erkenntnis aber nicht dabei, genauer zu definieren, wo diese Gruppen herkamen. Wie uns ihr späterer

Name verrät, dürfte es sich zu einem großen Teil tatsächlich um Angeln und Sachsen gehandelt haben. Die Sachsen waren der keltischen und römischen Bevölkerung Britanniens damals bekannt, da einige von ihnen seit Längerem als Piraten auf dem Ärmelkanal ihr Unwesen trieben. Als eines der großen germanischen Völker der Zeit besiedelten sie in jenen Jahren das heutige Niedersachsen und Teile Westfalens. Die Angeln hingegen kamen aus dem heutigen Schleswig. Dort gibt es auch heute noch eine Landschaft namens Angeln, zwischen Kiel und Flensburg gelegen.

Die Angeln und Sachsen waren aber nicht die einzigen, die nach Britannien kamen. Die gesamte Situation auf dem Kontinent war während der Völkerwanderung sehr unsicher. Da mag eine Stelle als Foederat in Britannien attraktiv gewesen sein. Auch einige Friesen waren unter den Einwanderern, so gibt es in Südostengland noch heute einen Ort *Freezingham*. Es ist auch möglich, dass Jüten aus dem heutigen deutsch-dänischen Grenzgebiet unter den Siedlern waren. Und immer wieder wird behauptet, dass auch Franken unter den Foederaten gewesen seien, aber dafür gibt es keine eindeutigen Belege.

WIE KAMEN DIE ANGELSACHSEN NACH BRITANNIEN?

Angeln, Sachsen, Friesen und die anderen Gruppen waren sicher nicht die umgänglichsten Zeitgenossen, aber ganz uneingeladen kamen sie nicht nach Britannien. Sie wurden angeheuert und somit ist klar, dass es einen Auftraggeber geben musste. Das waren in Britannien aber, anders als auf dem Kontinent, nicht mehr die Römer selbst, sondern keltische Herrscher, denn für diese begann der Abzug der Römer schon einige Zeit vor deren Untergang. Bereits in den ersten Jahren des 5. Jahrhunderts hatte Kaiser Honorius (395–423) alle römischen Legionen aus Britannien abziehen lassen, um andere Teile des Reichs zu verteidigen.

In Britannien kam es infolge des daraus resultierenden Machtvakuums immer häufiger zu Einfällen von außen. Insbesondere die Pikten und Skoten aus dem heutigen Schottland stellten eine dauerhafte Gefahr dar, und die Kelten südlich des Hadrianwalls waren nicht darauf vorbereitet, auf sich allein gestellt zu sein. Die städtische Bevölkerung war bereits an das Leben im Römischen Reich angepasst, Städte waren nach römischem Vorbild gestaltet, mit römischen Landstraßen untereinander verbunden, und die Hafenstädte waren auf den Handel mit Rom und anderen Provinzen ausgerichtet. Obendrein kam aus Rom auch immer Geld ins Land. Dass dieses System ohne das römische Zentrum an seiner Spitze nicht mehr funktionieren konnte, ist wenig überraschend. In den Städten Britanniens übernahmen schließlich keltische Herrscher die Kontrolle und versuchten, so gut es eben ging, ihr gewohntes Leben weiterzuführen. Sie behielten die römische Verwaltung bei und bewahrten sogar vielerorts die christlichen Gemeinschaften.

Bei ihrem größten Problem, der Verteidigung, kamen einige dieser Herrscher im Laufe des 5. Jahrhunderts wohl auf die alles entscheidende Idee: Sie heuerten Foederaten an. Wie genau das in der Folgezeit ablief, ist nicht bekannt. Erst etwa hundert Jahre später setzen die Quellen langsam wieder ein und die Geschichte der Kelten und der von ihnen angeheuerten Angelsachsen wird erneut greifbar. Zu diesem Zeitpunkt waren bereits weite Teile Südenglands, vor allem die Region entlang der Themse, vollkommen von den Neuankömmlingen kontrolliert und vielerorts gab es keine Spur mehr von keltischen Fürsten.

WIE IST DER AUFSTIEG DER ANGELSACHSEN ZU ERKLÄREN?

Man kann davon ausgehen, dass die Migration mit dem Abzug Roms um das Jahr 410 begann und sich im Laufe des 5. Jahrhunderts mit der sich verschlechternden Sicherheitslage in Britannien beschleunigte. Die Söldner vom kontinentalen Europa trafen desolate Zustände an. Die Herrschaftsgebiete der lokalen Warlords, die hier als Auftraggeber in Erscheinung traten, umfassten meist nur kleinste Räume, oft nicht mehr als einige isolierte Städte. Außerhalb der Städte war der römische Lebensstil bald komplett verschwunden. Dass die Krieger vom Kontinent ein solches Machtvakuum ausnutzten, liegt auf der Hand. Die Tatsache, dass man im heutigen England kaum noch etwas von seiner romano-keltischen Geschichte erfährt, gibt einen Hinweis darauf, dass die Angelsachsen die einheimische Bevölkerung schon sehr bald an kultureller Bedeutung übertrafen.

Starke persönliche Kontakte oder Mischehen mit der alteingesessenen Bevölkerung gab es dabei nicht. Die Angelsachsen reisten in Kleinstgruppen nach Britannien und siedelten sich in der Nähe der Orte an, die sie beschützen sollten. Dabei waren sie räumlich klar von der keltischen Bevölkerung getrennt. Sie blieben unter sich und teilten sich sogar geografisch auf. Sächsische Stämme heuerten vor allem in Südengland an, in all den Gegenden, die später mit der Endung *-sex* versehen wurden. Weiter nördlich und östlich siedelten die Angeln. Hinweise auf sie sind noch im Namen *East Anglia* und im Wort *England* zu erkennen. Der Aufstieg der Neuankömmlinge begann, als die ersten Anführer der Foederaten-Stämme wohlhabend und mächtig genug wurden, sich gegen ihre Auftraggeber zu wenden. Aus diesen erfolgreichen Aufständen bildeten sich in Folge die ersten größeren angelsächsischen Gesellschaften heraus. Die keltische Kultur scheint dabei auf der Strecke geblieben zu sein, während sich die angelsächsischen Gemeinschaften zu Königreichen weiterentwickelten; ein Prozess, der mit Ende des 6. Jahrhundert abgeschlossen war. Ein paar hundert Jahre später spielten die Unterschiede keine Rolle mehr und die Neuankömmlinge wuchsen mit den Einheimischen zu einer einheitlichen Bevölkerung zusammen.

WER SIND DIE SCHWEDEN?

Barentssee
eer
Norwegen
Schweden
Finnland
Russland
Estland
nemark
Lettland
Ostsee
Litauen
Russland
Weißrussland
eutschland
Polen
Tschechien
Ukraine
Slowakei
htenstein
Moldawien
Österreich
Ungarn
Slowenien
Kroatien
Rumänien
Georgie
Bosnien
und
Herzegowina
Serbien
Schwarzes Meer
Italien
Adriatisches Meer
Montenegro
Kosovo
Bulgarien
Nord-
mazedonien
Albanien
yrrhenisches
Meer
Griechenland
Türkei
Mittelmeer
Ägäisches Meer
Syrien

Dass Amerikaner die Schweiz und Schweden verwechseln, ist nicht ganz ungewöhnlich. Das passierte sogar ihrem Präsidenten: 2022 erzählte Joe Biden, wie Finnland und Schweden ihn um Unterstützung gebeten haben, nur leider sagte Biden *Switzerland* statt *Sweden*. Auch Chinesen haben Probleme, die Schweiz und Schweden auseinanderzuhalten, was daran liegt, dass die Namen der beiden Länder auf Chinesisch sehr ähnlich klingen: die Schweiz heißt *Ruishi*, Schweden *Ruidian*. Zur Aufklärung laufen in China regelmäßig Image-Kampagnen, organisiert von den Konsulaten der betroffenen Länder. Dabei wird ganz auf Klischees gesetzt: Die Schweiz ist das Land mit Banken, Alphörnern, Uhren und Schokolade, während zu Schweden Ikea, Hackbällchen und Volvo gehören. Die Ähnlichkeit zwischen den Namen der beiden Länder wurde von einigen Schweden bis ins 19. Jahrhundert tatsächlich so interpretiert, dass die Schweizer von den Skandinaviern abstammen. Eine solch abenteuerliche Auslegung findet sich zum Beispiel in Eric-Gustav Geijers Buch *Geschichte Schwedens*.

Seinen Namen *Sverige*, so die schwedische Bezeichnung, hat das Land von dem nordgermanischen Volksstamm der Svear, die etwa seit dem Jahr 300 in Mitteleuropa nachweisbar sind. Die älteste schwedische Bezeichnung war *Säthiud*, was *das Volk der Svear* bedeutet. Schweden gehört heute zu den am dünnsten besiedelten Ländern Europas, es besteht zu 80 % aus Wäldern, Seen, Bergen und Tundra, und dieses Verhältnis zwischen der Kleinheit des Menschen und der Größe der Natur prägt die schwedische Seele.

DOPPELTE EINWANDERUNG (VOR DEM JAHR 550)

Skandinavien war bis zum Ende der Eiszeit unbewohnt. Nach dem Rückzug der Gletscher kamen in der Steinzeit (7000 – 5500 v. Chr.) vom mitteleuropäischen Festland die ersten Menschen in den Norden. Woher sie jedoch stammten und über welche Routen sie Skandinavien besiedelten, blieb bisher strittig. Um das zu klären, hat Torsten Günther von der Universität Uppsala sieben Skelette von Steinzeitmenschen aus Skandinavien einer DNA-Analyse unterzogen. Es stellte sich heraus, dass ein Teil dieser

Toten aus Norwegen stammte, der Rest von schwedischen Schäreninseln. Die steinzeitlichen Bewohner Skandinaviens gehörten genetisch zwei unterschiedlichen Gruppen an. Die DNA der in Schweden gefundenen Toten ähnelt stark der von Jägern und Sammlern, die damals im Gebiet des heutigen Deutschlands lebten. Die in Norwegen gefundenen Toten dagegen zeigen mehr Ähnlichkeit mit Menschen, die noch heute an der Ostsee leben. Die Ergebnisse sprechen für zwei nacheiszeitliche Einwanderungen nach Skandinavien: zuerst eine aus dem Süden und dann eine aus dem Nordosten. Weil der Süden Skandinaviens zuerst eisfrei wurde, konnten Jäger und Sammler aus Mitteleuropa schon früh in dieses Gebiet einwandern. Wenig später tat sich dann auch entlang der Nord- und Westküste Skandinaviens ein eisfreier Korridor auf, durch den Menschen aus dem heutigen Russland und Finnland einwanderten. Jede Gruppe brachte ihre Kultur mit und behielt sie anfangs bei. Erst im Laufe der Zeit mischten sie sich untereinander und tauschten neben ihren Genen auch ihre Fertigkeiten aus.

Die DNA-Analysen enthüllten, wie die damaligen Einwanderer aussahen. Demnach besaßen die Menschen aus dem Süden blaue Augen und eine eher dunkle Haut. Die Migranten aus dem Nordosten hatten dagegen eine blasse, helle Haut und besaßen verschiedene Augenfarben. Nach einiger Zeit der genetischen Durchmischung sorgten Umweltbedingungen dafür, dass sich bestimmte Varianten durchsetzten. Weil eine helle Haut und helle Augen in der sonnenarmen Region günstiger sind, begannen diese Merkmale zu dominieren. Vom genetischen Erbe der Steinzeit-Skandinavier ist heute nur wenig geblieben. Denn nach Ende der Steinzeit wanderten noch weitere Bevölkerungsgruppen nach Skandinavien ein, darunter auch die Vorfahren der ersten Bauern. Im Laufe der Zeit verdrängten ihre Gene das alte Erbgut der Jäger und Sammler.

Aus der Urbevölkerung entstanden später die Samen, die zu den ältesten Bewohnern Skandinaviens zählen. Ihre Selbstbezeichnung *Sami* bedeutet *Sumpfleute*. Den verbreiteten Begriff *Lappen* empfinden sie als abwertend und lehnen ihn deshalb ab. Er kommt von dem schwedischen Wort *Lappar* (Flicken, Lappen) oder dem finnischen *lappalaiset* (Menschen, die in Lappen gehüllt sind). Die Samen leben im Norden Schwedens, Norwegens, Finnlands und auf der russischen Halbinsel Kola. Ihre

Sprache gehört zu der finnougrischen Gruppe, zu der auch Finnisch, Estnisch und Ungarisch zählen. Nach dem Genetiker Cavalli-Sforza bilden die Samen den Übergang von den Europäern zu den Ostasiaten. Demnach überwiegt eine sehr lange isolierte europäische Genkomponente, während die zweite Komponente von uralischen Ethnien zu den ostasiatischen Merkmalen (Epikanthus-Falte, Haut und Haare) geführt hat, die zum Teil bei den Samen noch heute zu sehen sind. Eine mögliche Erklärung dafür ist die Einwanderung samojedischer Völker, die den Ur-Samen die Domestikation der Rentiere als Last- und Zugtier beibrachten. Dabei wurde die Sprache der fortschrittlicheren Kultur übernommen.

EISENZEIT (500 v. Chr. – 1050 n. Chr.)

Der Übergang von der Bronze- zur Eisenzeit war von einer Verschlechterung des Klimas und einem Bevölkerungsrückgang durch hohe Sterblichkeit und Auswanderung gekennzeichnet. Dennoch brachte diese entbehrungsreiche Zeit Fortschritte: Diejenigen, die zurückblieben, hatten keine andere Wahl, als bessere, stabilere Unterkünfte zu bauen, intensivere Landwirtschaft zu betreiben und Lebens- wie Futtermittel haltbarer zu machen. Zudem rückten die Sippen in Dorfgemeinschaften enger zusammen. Technisches Vorwärtskommen brachte die Eisenverarbeitung, die der Epoche ihren Namen gab. Die frühe Periode wird als *keltische Eisenzeit* bezeichnet, und immerhin schaffte es das Eisen über Handelsrouten von den Kelten bis in den Norden. In der Folgezeit gewann die heimische Eisengewinnung mehr und mehr Bedeutung. Anders als Bronze war Eisen nämlich kein Luxusgut.

Die darauffolgende *römische Eisenzeit* setzte zur Zeitenwende ein und zog sich bis 400 n. Chr. hin. Rom dominierte weite Teile Europas und trieb regen Handel mit dem Norden. Darauf verweisen die zahlreichen Funde von Münzen und Luxusgütern, aber auch die Runenschrift, die aus griechischen und römischen Schriftzeichen hervorging. Das urnordische Runenalphabet, das *Futhark*, lässt sich für das 1. Jahrhundert belegen. In jenen Zeitraum fällt auch eine Umstellung von der halbnomadischen Lebensweise hin zur Sesshaftigkeit. Erstmals erwähnt wird Skandinavien von Plinius dem Älteren in der *Naturalis historia* im Jahre 79. In der *Germania* des Tacitus ist vom Volk der *Suionen* die Rede. Zudem erscheint *Scandia* auf der Weltkarte des Claudius Ptolemäus.

In den folgenden Jahrhunderten sank der Stern Roms. Die Umwälzungen der Völkerwanderungszeit (400 – 550) gingen auch an den Vorfahren der Schweden nicht spurlos vorbei, vor allem im Süden und Osten herrschten unruhige Zeiten. Zahlreiche Stämme verließen ihre Heimat, dafür breiteten erste germanische Kleinkönigtümer ihre Macht und ihren Einfluss aus. Eine Hinterlassenschaft dieser Tage sind die Königsgräber von Gamla Uppsala.

Die darauffolgende *Vendelzeit* ist nach der Region Vendel in Uppland mit ihren zahlreichen Funden benannt. In dieser Periode (550 – 800) entwickelte sich ein neues Machtzentrum im Norden Europas. Ungefähr im 6. Jahrhundert schlossen sich mehrere nordgermanische Stämme zu größeren Stammeseinheiten zusammen und drängten die Vorbevölkerung (Samen, Finnen) nach Norden. Bei der Entstehung des schwedischen Volkes spielten die am Mälarsee bzw. in Svealand ansässigen Svear und die in Götaland ansässigen Gauten die wichtigste Rolle. Treibende Kraft waren hierbei jedoch die Svear, von Vendel aus erweiterten sie ihren Machtbereich. Die nordgermanischen Stämme hatten in Alt-Uppsala ein gemeinsames politisches und kulturelles Zentrum. Zu Beginn des 7. Jahrhunderts gelang es den Svear, die Gauten zu unterwerfen, das politische und wirtschaftliche Zentrum verlagerte sich von Uppsala nach Birka. Die Verschmelzung beider Völker begann im 8. bzw. 9. Jahrhundert und zog sich wegen anhaltender Kämpfe zwischen den früh christianisierten Gauten und den an ihrer alten nordischen Religion lange festhaltenden Svear bis ins 10. Jahrhundert hin.

Zur Reichseinigung und somit zur Herausbildung eines Staates im heutigen Sinne kam es erst zwischen 995 und 1060 unter König Erik VIII. und dessen Sohn Olof Skötkonung. Sie ging einher mit der Christianisierung Schwedens. Neues Zentrum Schwedens wurde das christliche Sigtuna, ab dem 13. Jahrhundert dann Stockholm. Im Laufe der gegenseitigen Abgrenzung der drei nordischen Völker bildete sich zwischen dem 11. und dem 16. Jahrhundert schließlich die von Dänen und Norwegern unterscheidbare Nation der Schweden heraus. Für ihre Konsolidierung war letztlich die im 15. und 16. Jahrhundert vollendete Abgrenzung der überwiegend bäuerlich geprägten und vom Landadel geführten schwedischen Volkskultur vom prodänischen Bürgertum und Beamtenadel der Küstenstädte entscheidend.

WIKINGER (750 – 1060)

Blonde Hünen, die im Mittelalter auf ihren Raubzügen entlang von Europas Küsten und Flüssen Angst und Schrecken verbreiteten – das ist das bekannte Klischee über die Wikinger. Berüchtigt sind die Wikinger für ihre Raubzüge, bei denen sie hierzulande Ende des 9. Jahrhunderts über Rhein und Mosel bis in die Kerngebiete des damaligen Ostfränkischen Reiches vorstießen. Auch andere Flüsse Ost- und Westeuropas boten Einfallsrouten für die versierten Seefahrer, die aber ebenso im Mittelmeer und im Schwarzen Meer unterwegs waren. Woher aber stammt das typische Bild vom gehörnten Wikinger? Das wissen Historiker ziemlich genau: es wurde populär durch die Uraufführung von Richard Wagners „Ring des Nibelungen" aus dem Jahr 1876. Hier traten die nordischen Recken mit hornbewehrten Helmen auf – eine künstlerische Fantasie des Regisseurs, denn im Kampf wäre solch ein Kopfschmuck nur hinderlich gewesen.

Das Wort *Wikinger* geht auf die skandinavische Bezeichnung für *Pirat* zurück. Um die Identität der Wikinger zu klären, sequenzierten die Forscher nun Genome von 442 menschlichen Überresten von Wikingern. Die Resultate ergaben ein uneinheitliches Bild. Grundsätzlich unterschied das Team drei Gruppen bezüglich ihrer groben geografischen Herkunft: Schweden-ähnlich, Norwegen-ähnlich und Dänen-ähnlich. Die Schweden-ähnliche Gruppe weist starke verwandtschaftliche Beziehungen zu Osteuropäern auf. Dies spiegelt auch die Handelsbeziehungen seit der Bronzezeit im Ostseeraum wider. Der Einfluss der norwegischen Gruppe dagegen reichte nach Irland, Island und Grönland, während die dänische Gruppe sich eher nach England hin orientierte. Viele Wikinger waren eher braunhaarig als blond, was auf Einflüsse von außerhalb Skandinaviens zurückgeht. Die heutigen Menschen in Skandinavien ähneln der Studie zufolge noch immer stark den damaligen Bewohnern der Region.

Eine Ausnahme bilden die Schweden. Ihr Erbgut geht nur zu 15 bis 30 % auf die damalige Bevölkerung zurück. Die Genetik zeigt, dass die Schweden das Ergebnis einer genetischen Mischung sind: Bei Wikingergräbern in Schweden wurde ein erheblicher Anteil an finnischen und samischen Genen gefunden. Die slawische Spur in den Genen der Toten aus dieser Zeit lässt sich von 10 % bis zu einem vollständigen Überwiegen der slawischen Genetik zurückverfolgen. Die Vorfahren der Schweden holten ihre Frauen gern bei den Slawen und waren zudem sehr mobil. Noch während die beiden nordgermanischen Völker der Svear und Gauten in der Heimat um den kargen Lebensraum, um Reichseinheit und Christianisierung kämpften, ließen sich die ersten Auswanderer, seetüchtige Händler und beutegierige Krieger an den gegenüberliegenden Ufern der Ostsee nieder. Erste schwedische Siedlungen entstanden ab dem 7. Jahrhundert im lettischen Grobiņa (Seeburg), in Kurland, Livland, Estland und in Finnland. Die als Waräger bezeichneten schwedischen Wikinger siedelten ab dem 8. Jahrhundert vor allem im Gebiet von Alt-Ladoga und Holmgard (Nowgorod) und dehnten im 9. Jahrhundert unter Rurik ihre Herrschaft über die Nowgoroder Rus aus. Obwohl Ruriks Gefolgsleute Askold und Dir eine wichtige Rolle bei der Entstehung der Kiewer Rus spielten, gingen die skandinavischen Krieger und Händler im 10. und 11. Jahrhundert in der slawischen Mehrheitsbevölkerung auf und wurden assimiliert. Allerdings ist noch für die 1070er Jahre ein über Schweden herrschender König namens Anund Gårdske überliefert, der aus Alt-Ladoga zurückkam und bereits orthodox christianisiert war.

Letztlich haben die unterschiedliche Christianisierung (Schweden katholisch, die Kiewer Rus orthodox) und das kirchliche Schisma von 1054 die voneinander verschiedene Entwicklung von Schweden und russisch gewordenen Warägern besiegelt. Während der Wikingerzeit entwickelte sich das Territorium des heutigen Schwedens zu einem Handelszentrum und hatte eine bunte ethnische Zusammensetzung. In den Bestattungen des 10. und 12. Jahrhunderts hatten 70 % der Frauen und 44 % der Männer „fremde“ Gene aus Osteuropa, dem Baltikum, dem heutigen Großbritannien und Deutschland. Das erklärt sich dadurch, dass die Vorfahren der Schweden sich durch den Sklavenhandel bereicherten. Sie verkauften nicht nur Sklaven, sondern sie hielten sie auch selbst. Nach einigen

Generationen verloren die Sklaven jedoch ihren niedrigen Status und vermischten sich mit Einheimischen. Im 13. Jahrhundert wurde die Sklaverei sogar abgeschafft und die Freigewordenen assimilierten sich innerhalb der Svear und Gauten.

DIE LETZTE PHASE DER ETHNOGENESE

In der späteren Geschichte Schwedens kam es nicht mehr zu einer solchen genetischen Vermischung wie in der Wikingerzeit, obwohl der Prozess weiterging und die Reihen der Gauten und Svear regelmäßig mit Slawen, Balten und Finnen aufgefüllt wurden. An diesem Punkt könnte man aufhören, die Ethnogenese der Schweden zu beschreiben, da keine so großen Zugänge an fremdem Blut mehr stattfanden. Bei den heutigen Schweden sind die typischen westeuropäischen Haplogruppen I1 und R1b am weitesten verbreitet. Die Gruppe I1 tritt am häufigsten im Westen von Finnland (bis zu 40 %), in Süd-Norwegen (35 %), gefolgt von Schweden (besonders auf der Insel Gotland) und in Dänemark und Norddeutschland auf. Zusammen mit R1a (slawischer Beitrag) und N1a (Samen, Finnen) machen diese vier Haplogruppen 80 % der männlichen genetischen Linie aus. Die dominierenden mütterlichen Haplogruppen sind H1, U5 und H2.

Abschließend noch ein paar Worte zur Entwicklung des schwedischen Staates: Bis zum 10. Jahrhundert gelang es den Svearn, nicht nur die im Gebiet des Vänersees lebenden Gauten, sondern auch die Inseln Gotland und Öland unter ihre Herrschaft zu bringen. Aus diesem um 1100 vollendeten Svea Rike wurde Sverige, das heutige Schweden. Ende des 14. Jahrhunderts geriet Schweden unter die Herrschaft der norwegisch-dänischen Königin Margarete I. Die 1397 in der Kalmarer Union besiegelte Aufgabe der schwedischen Eigenstaatlichkeit und das brutale Vorgehen der dänischen Machthaber wollten die Schweden nicht hinnehmen. Als der dänische König Christian II. 1520 im *Stockholmer Blutbad* am Stortorget in Gamla stan schwedische Adlige hinrichten ließ, kam es zum Aufstand, in dem Gustav Eriksson Wasa Schweden von der dänischen Herrschaft befreite. 1523 wurde er zum König von Schweden gewählt. Übrigens, bis 1973 trugen alle Schwedenkönige den Titel „König der Schweden, Goten und Wenden", wobei hier die Goten mit den Gauten gleichgesetzt werden. Mit der Erwähnung der Wenden untermauerte man den Anspruch auf den Ostseeraum. Erst Carl XVI. Gustaf wählte bei seiner Thronbesteigung den Titel „König von Schweden".

Unter Gustav II. Adolf stieg Schweden im 17. Jahrhundert zur Großmacht auf und beherrschte über 100 Jahre lang Finnland, Provinzen Dänemarks und Norwegens, große Gebiete der Ostseeländer und Teile Norddeutschlands. Aus dieser Zeit kommt übrigens der Ausdruck *Alter Schwede*, mit dem man in Deutschland seine Fassungslosigkeit und Bewunderung ausdrückt. Erstaunlich ist die Geschichte dahinter: Der Dreißigjährige Krieg begann 1618 als Religionskrieg und entwickelte sich zu einem Flächenbrand, der weite Teile Europas erfasste und vor allem in Mitteleuropa tobte. Wichtiger Kriegsteilnehmer war u. a. Schweden, das nach 1648 als einer der Gewinner aus dem Krieg hervorging. Der preußische König Friedrich Wilhelm war von der Kampfkraft der schwedischen Soldaten so angetan, dass er manche von ihnen abwarb. Meist wurden sie als Unteroffiziere eingesetzt, denn sie verstanden sich gut auf den Drill. Bei den Preußen waren sie so angesehen, dass man sie respektvoll mit *Alter Schwede* ansprach. Dieser gute Ruf hielt ziemlich lange, bis ins frühe 18. Jahrhundert, als die Schweden im Nordischen Krieg von der Armee des russischen Zaren Peter des Großen besiegt wurden. Der Historiker Peter Englund schrieb dazu: „Die Schweden verließen die Weltgeschichte und nahmen ihren Platz im Publikum ein."

Schweden, gezwungen, seinen Anspruch auf eine Großmachtstellung aufzugeben, hat seit 1809 keinen Krieg mehr geführt und ist zu einem sicheren Land geworden, dessen Einwohner heute einen hohen Lebensstandard genießen.

WER SIND DIE GRIECHEN?

Barentssee
eer
Finnland
Norwegen
Russland
Schweden
Estland
änemark
Lettland
Ostsee
Litauen
Russland
Weißrussland
eutschland
Polen
Tschechien
Ukraine
Slowakei
htenstein
Moldawien
Österreich
Ungarn
Slowenien
Kroatien
Rumänien
Georgie
Bosnien
und
Herzegowina
Serbien
Schwarzes Meer
Italien
Adriatisches Meer
Bulgarien
Montenegro
Kosovo
Nord-
mazedonien
Albanien
Griechenland
Türkei
yrrhenisches
Meer
Mittelmeer
Ägäisches Meer
Syrien

Die meisten Griechen möchten das folgende Ereignis wohl am liebsten vergessen: 2010 rief der damalige Premierminister Giorgos Papandreou nach Finanzhilfen der Euro-Partner, um die Staatspleite abzuwenden. Das gelang auch, aber um welchen Preis: Das Sparprogramm bescherte den Griechen die tiefste und längste Rezession, die ein europäisches Land seit Ende des Zweiten Weltkriegs durchmachen musste. Seit der Krise gibt es immer wieder Stimmen in Europa, die den Beitritt Griechenlands zur EU 1981 für verfrüht halten, vor allem aus wirtschaftlichen Gründen. In diesem Zusammenhang wird sogar gemutmaßt, sie seien genetisch keine Griechen mehr! So erklärte zum Beispiel der *Welt*-Redakteur Berthold Seewald die Geschichte der Seeschlacht von Navarino wie folgt: 1827 zerstörten englische, französische und russische Schlachtschiffe die osmanische Flotte und verhalfen damit dem griechischen Freiheitskampf gegen die Herrschaft des Sultans zum Durchbruch. Die drei Mächte taten das jedoch nicht aus freiheitsliebender, sondern aus romantischer Überzeugung, denn die klassisch gebildeten Westeuropäer wollten die Nachkommen Homers, Sokrates und Perikles nicht weiter von Türken unterdrückt sehen. Seewald behauptete, dass diese Militäraktion aus falschen Überlegungen heraus geführt wurde, denn: „Die Vorstellung, dass es sich bei den Griechen der Neuzeit um Nachfahren eines Perikles oder Sokrates handeln würde und nicht um eine türkisch überformte Mischung aus Slawen, Byzantinern und Albanern, wurde für das gebildete Europa zu einem Glaubenssatz. Dem konnten sich auch die Architekten der EU nicht entziehen. In diesem Sinne holten sie das schon 1980 klamme Griechenland ins europäische Boot."

Sind die heutigen Griechen so anders als ihre Vorfahren? Tatsächlich kehrten viele Westeuropäer im 19. Jahrhundert enttäuscht von ihrer Griechenlandreise zurück. Die Griechen, die sie sich dank ihrer klassischen Bildung als stolze und starke Helden vorgestellt hatten, sahen in der Realität deutlich schwarzhaariger, dunkelhäutiger und krummnasiger aus. Noch 1906 beschwerte sich Virginia Woolf bitter darüber, dass keiner der Griechen mehr ihr Griechisch verstand, die 2000 Jahre alte Sprache, die sie aus einem antiken Buch gelernt hatte.

NAME

Für die Griechen gab es im Lauf der Geschichte verschiedene Bezeichnungen. Die frühesten Eigenbezeichnungen finden sich in der *Ilias* und beziehen sich auf die Männer, die der argivische König Agamemnon gegen Troja führte: *Argiver* (gr. *Ἀργεῖοι*, *Argeîoi*), *Danaer* (*Δαναοί*, *Danaoí*) und *Achaier* (*Ἀχαιοί*, *Achaioí*). Die 480 v. Chr. bei den Thermopylen gefallenen Soldaten nannten sich dagegen bereits *Hellenen* (*Ἕλληνες*, *Héllēnes*) nach Hellen, dem mythischen Urahn der Aioler, Dorer und Ionier. Der in der heutigen Zeit gebräuchliche Begriff *Grieche* stammt vom lateinischen *Graecus*, welcher seinerseits im griechischen *Graikós* (*Γραικός*) seinen Ursprung hat, dem Namen eines böotischen Stammes, der sich im 8. Jahrhundert v. Chr. in Italien ansiedelte. Homer erwähnt in der *Ilias* die böotische Stadt *Graia* (*Γραῖα*). Der Geograf Pausanias erklärte den Namen dabei als *die Alte* (als Variante von *γραῦς*, *graûs / alte Frau*).

Eine interessante Bezeichnung benutzen die Georgier: Zu antiken Zeiten wurden die Griechen von ihnen *ბერძენი* (*berdzeni*) genannt, der Name lässt sich auf *ბრძენი* (*brdzeni / weise*) zurückführen. Diese Bezeichnung nimmt Bezug auf die Entstehung der Philosophie im griechischen Raum. Und auch die Georgier der Neuzeit nennen die Griechen noch genauso und Griechenland entsprechend *საბერძნეთი* (*saberdznet'i*), wörtlich *das Land der Weisen.*

AUSSEHEN

Die Frage nach der Herkunft der Griechen ist gar nicht so einfach. Pelasger, Karer, Minoer, Mykener – all diese Vertreter des vorgriechischen Substrats hinterließen ihre Spuren bei den Hellenen der klassischen Periode. Die nachfolgenden Invasionen der Ionier, Achäer, Äolier und Dorer, die die autochthone Bevölkerung assimilierten, vervollständigten das genetische Bild der Griechen. An der Wende vom 19. zum 20. Jahrhundert war sich die wissenschaftliche Welt sicher, dass die alten Griechen ein mit den Westeuropäern verwandtes Volk waren. So berichtete die *Encyclopaedia Britannica* von 1911, dass die blonde Haarfarbe und die helle Haut der Adligen der griechischen Städte davon zeugen würden, dass dieser Typus vor der klassischen Ära aus Nordwesteuropa nach Griechenland käme. Der Philosoph Bertrand Russell war davon überzeugt, dass Invasoren aus dem Norden die griechische Sprache mitbrachten. Heute dagegen gehen die Historiker davon aus, dass die „hellen“ Gene zuerst von den eindringenden Achäern und dann von den Dorern nach Griechenland gebracht wurden. Der antike griechische Typus wies jedoch auch andere Merkmale auf. Es handelte sich dabei um dunkelhäutige und dunkelhaarige Menschen, die Nachfahren der minoischen und mykenischen Zivilisationen.

Die antiken Griechen hatten ihre Götter blondlockig ersonnen, weil das als die Farbe von Getreide und von Fruchtbarkeit und somit des Lebens galt. Die Wissenschaftler fanden bei der Untersuchung römischer Kopien der *Aphrodite von Knidos* heraus, dass die Farbspuren auf ihren Haaren goldblond waren. Die Abbildungen von Menschen lassen jedoch erkennen, dass der heutige mediterrane Menschentypus mit der großen gebrochenen Nase und dem lockigen Haar schon damals dort zu finden war.

Interessant ist auch die Tatsache, dass die Griechen sich zwar für kulturell überlegen gegenüber den *Barbaren* (*βάρβαροι* / *bárbaroi*) hielten, aber keineswegs für Angehörige einer „weißen Rasse“. In *Anabasis*, dem bekanntesten Werk des griechischen Feldherrn und Philosophen Xenophon, wird geschildert, wie griechische Soldaten in der heutigen Türkei auf ein Volk trafen, bei dem sowohl die Frauen als auch die Männer bleich waren, ein Zeichen ihrer Fremdartigkeit. „Weiße“ Haut war ein eher abwertendes Kennzeichen und wurde für Barbaren, die nördlich der Alpen lebten, Frauen, Todkranke, Philosophen sowie Feiglinge verwendet und war somit kein „Normalzustand“.

WIE ENSTANDEN DIE GRIECHEN?

Nach neuesten Forschungen stammt die DNA der heutigen Griechen nicht aus Mittel- oder Nordeuropa. Über 5000 Jahre hinweg lebt in Griechenland im Wesentlichen die gleiche Bevölkerung, und das, obwohl die Region Tausende Jahre ein Drehkreuz von Migrationsströmen war. Die früheren Bewohner des heutigen Griechenlands – Minoer und Mykener – sind genetisch sowohl miteinander als auch mit den modernen

Griechen verwandt. Trotz der reichen archäologischen Vergangenheit haben die Ursprünge vor allem der Minoer die Wissenschaft lange vor ein Rätsel gestellt. Ihre kulturellen Innovationen, wozu neben dem ersten europäischen Schriftsystem riesige Paläste und beeindruckende Kunstwerke zählen, scheinen isoliert auf Kreta entstanden zu sein. Dies gab Anlass zu der Spekulation, dass die Minoer aus einer weiterentwickelten Gesellschaft einer anderen Region in die Ägäis eingewandert sein mussten. Die Mykener mit ihren Wurzeln auf dem griechischen Festland scheinen viel von der minoischen Kultur übernommen zu haben.

Jedoch fanden die Wissenschaftler mit der Zeit heraus, dass die Minoer eher Einheimische waren, die von Bauern aus der Ägäis und Westanatolien abstammten. Neben der Verwandtschaft zwischen Minoern und Mykenern wurden auch einige Unterschiede festgestellt. So wiesen die Minoer eine östliche Abstammung, aber kein gemeinsames Erbgut mit den nördlichen Steppenvölkern auf. Bei den Mykenern findet sich dagegen sowohl östliches als auch nördliches Erbgut. Das lässt darauf schließen, dass das östliche genetische Erbe aus dem Kaukasus und dem Iran nach Europa gelangte, im Zusammenhang mit einer bisher unbekannten Wanderungsbewegung. Das Ergebnis zeigt auch, dass die Migration der Steppenhirten aus dem Norden auf das griechische Festland führte, aber die Minoer auf Kreta nicht erreichte. „Gerade angesichts der Tatsache, dass das griechische Festland und Kreta in der Bronzezeit kulturell aufs Engste miteinander verwoben waren, erstaunt es, dass sich beide Populationen genetisch klar differenzieren lassen", sagt Philipp Stockhammer, Archäologe am Max-Planck-Institut für Menschheitsgeschichte. „Die Griechen erwarben im Laufe der Jahrhunderte die Genetik anderer Völker, was aber das frühere genetische Erbe der Bronzezeit nicht auslöschte", ergänzt Iosif Lazaridis von der Harvard Medical School.

SIND DIE GRIECHEN MÖGLICHERWEISE SLAWEN?

In griechischen Stadtstaaten wie Athen oder Korinth konnten Sklaven bis zu zwei Drittel der Bevölkerung ausmachen. Es handelte sich dabei vorrangig um Thraker, Illyrer, Perser und Skythen. Als die Römer von Hellas

Besitz ergriffen, wurden viele Griechen selbst zu Sklaven und verließen ihre Heimat. Die Völkerwanderung vom 4. bis zum 7. Jahrhundert hat die Griechen auf eine neue Weise beeinflusst, denn zu dieser Zeit wurde die Sklaverei abgeschafft und infolgedessen verwischten die Unterschiede zwischen freien Bauern und Sklaven fast vollständig.

Nach der Auflösung Westroms, den Wirren der Völkerwanderung, mehreren Vorstößen der Hunnen und Awaren sowie weiteren Kriegen und Krisen waren große Gebiete des heutigen Griechenlands entvölkert. In diesen Raum wanderten seit dem 6. Jahrhundert allmählich Slawen ein, deren Vordringen auch byzantinische Feldherren und Kaiser nicht aufhalten konnten. So drangen zum Beispiel 577/78 nach antiken Berichten 100.000 Slawen in Hellas ein und verwüsteten das Land. Im 8. Jahrhundert entvölkerte zudem eine Pestepidemie weite Landstriche, die nunmehr ebenfalls neu besiedelt wurden. Damit wuchs die Anzahl der Slawen gegenüber dem geschwächten griechischen Bevölkerungsanteil, der vor allem in den Städten lebte. Infolge der Assimilierung begannen die Griechen teilweise slawisch zu sprechen. Als Byzanz seine Staatsmacht wiedererlangte, berichtete Kaiser Leo VI. (881–911): „Unserem Vater Basilius, Kaiser der Römer, ist es gelungen, sie von ihren alten Sitten abzubringen, und er hat sie zu Griechen gemacht und sie nach dem römischen Vorbild unterworfen und mit der Taufe begnadet.“ Diese Vorgänge veranlassten im 19. Jahrhundert den Orientalisten Jakob Philipp Fallmerayer zu seiner umstrittenen These, bei den modernen Griechen handele es sich um „hellenisierte Slawen“.

Die Slawen spielten schon früh in Griechenland eine Rolle, die in etwa vergleichbar mit jener der Germanen im zentralen Europa war. Durch die Annahme des Christentums wurden sie als gleichwertige Partner anerkannt und kulturell integriert. Einerseits bekamen die Slawen entscheidende Impulse für ihre eigene kulturelle Entwicklung, andererseits verjüngten sie ein alterndes Staatsgebilde und suchten die Führung darin zu übernehmen. Ein Teil der Slawen, die Süd- und Ostslawen, machten sich mit der Orthodoxie die byzantinische Herrscheridee und Kultur zu eigen. Damit wurden sie in viel stärkerem Maße die Erben des „zweiten Roms“, als die Germanen im Westen Erben des „ersten Roms“ waren.

Wie weit das slawische Element innerhalb des byzantinischen Staates tatsächlich zum Tragen kam, ist schwer zu beantworten, denn zu den großen Problemen der byzantinischen Geschichte gehört auch die Frage nach der Nationalität. Das Beherrschen der griechischen Sprache, das Anerkennen des Kaisertums und ein Bekenntnis zur Orthodoxie waren Kennzeichen für einen echten Byzantiner, der durchaus armenischer, syrischer oder eben auch slawischer Herkunft sein konnte.

GENETIK

Die vier häufigsten Haplogruppen sind bei den Griechen: E-V13 (35 %), R1b (20 %), R1a (12 %) und J-M172 (9 %). Das ist in etwa vergleichbar mit der Genetik der Albaner. Die E-V13 kommt bei ihnen mit einer Häufigkeit von 32 % vor. Die bei den Ost- und Westslawen dominierende Haplogruppe R1a kommt bei den Griechen mit einer Häufigkeit von nur 12 % vor. Diese Genetik weisen die Bulgaren, Serben, Montenegriner, Mazedonier und andere Balkanslawen im Vergleich auf: E-V13 (15–27 %), J-M172 (8–14 %), R1a (12–20 %), R1b (6–12 %). Es sieht also ganz danach aus, dass die Griechen sowohl mit den Albanern als auch mit den Südslawen verwandt sind. Wie überall gilt auch bei ihnen, dass zahlreiche Völker und Stämme zu dem beigetragen haben, was wir heute als *EIN griechisches Volk* wahrnehmen. Einen weiteren großen Einschnitt in die Genetik der Griechen bedeutete die Invasion der Osmanen, da sie sich in stärkerem Maß mit den Einheimischen vermischten. Ihre häufigsten Haplogruppen sind: J-M172 (24 %), R1b (16 %), G (11 %), E-V13 (11 %), J-M267 (9 %), R1a (7 %). Wie man sehen kann, ähneln auch Türken und Griechen genetisch einander.

Manche Griechen, wie die turksprachigen Urumen, fühlen sich ziemlich eng mit den Türken verbunden. Ethnografen haben lange nach einer Antwort auf die Frage gesucht, ob sie überhaupt Griechen sind. Für die einen sind sie ein Turkvolk, das zum Christentum konvertiert ist, andere halten sie für Griechen, die unter dem Druck der Umstände im ausgehenden 18. Jahrhundert zu einer Sprache übergegangen sind, die mit dem Krimtatarischen verwandt ist. Aber letzten Endes entscheidend ist, dass sich die Urumen selbst für Griechen halten, unter anderem wegen ihres Glaubens, denn beispielsweise sind ihre Hochzeits- und Beerdigungszeremonien griechischen Ursprungs.

Ähnlich sieht es interessanterweise auch mit dem Volk der Kalasha in den Bergen Pakistans aus. Sie halten sich für Griechen, genauer gesagt, für deren Nachfahren aus der Zeit Alexanders des Großen. Die Kalasha sprechen eine vom Aussterben bedrohte indoiranische Sprache. Dreitausend Angehörige dieser Ethnie haben sich, als einziges Volk in der Gegenwart, eine polytheistische Religion mit Bezügen zu jener der antiken Griechen bewahrt.

SPRACHE

Griechisch stammt von der indoeuropäischen Ursprache ab. Die Vorgänger der griechischen Stämme drangen um 2000 v. Chr. auf das Territorium des heutigen Griechenlands ein. Dort trafen sie auf eine kulturell hochstehende Urbevölkerung, die Pelasger. Ihre Sprache ist unbekannt, aber sie kann als Substrat im Griechischen nachgewiesen werden, auch wenn sie nicht indoeuropäisch war. Das Griechische wurde wohl auch von einer unbekannten Sprache, die dem ausgestorbenen Illyrischen nahestand, beeinflusst. Die ältesten schriftlichen Zeugnisse der Sprache sind in der sogenannten *Linearschrift B* geschrieben. Nach der Zerstörung der mykenischen Paläste gingen die Kenntnisse dieser Schrift verloren. Die ähnliche *Kyprische Silbenschrift* auf Zypern blieb aber bis ins 3. Jahrhundert v. Chr. in Gebrauch. Um 800 v. Chr. übernahmen die Griechen das phönizische Schriftsystem und wandelten es durch die Einführung von Vokalzeichen ab.

In der klassischen Zeit ist eine Vielzahl von Dialekten feststellbar. Die politische, wirtschaftliche und kulturelle Vormachtstellung Athens im 5. Jahrhundert v. Chr. machte den dort gesprochenen attischen Dialekt zur Grundlage einer überregionalen Gemeinsprache. Eine bereinigte Form des attischen Altgriechischen blieb auch nach der Teilung des Römischen Reiches im Jahr 395 die Literatursprache. Nach 640 erlebte Ostrom eine Krisenphase; dies führte dazu, dass für 150 Jahre kaum noch klassizistische Literatur entstand. Als im 8. Jahrhundert wieder eine literarische Produktion einsetzte, war die Sprache dieser Texte näher am gesprochenen Griechisch dieser Zeit.

Nach der Gründung des griechischen Staates im Jahr 1830 wurde die *Katharevousa* (*καθαρεύουσα*) zur Unterrichts- und Amtssprache. Ihre Koexistenz mit der Volkssprache, *Dimotiki* (*δημοτική*), zog Probleme im Bildungsbereich nach sich. Nach langem Sprachstreit wurde 1976 *Dimotiki* als Amtssprache anerkannt. *Katharevousa* wird weiterhin zumeist in der Kirche verwendet. Viele Wörter und grammatikalische Strukturen sind aus der *Katharevousa* in die Volkssprache übernommen worden, weswegen diese auch als eine Synthese aus *Katharevousa* und *Dimotiki* betrachtet wird.

Fragt man heute die Griechen, ob sie noch Altgriechisch verstünden, dann sind die Meinungen unterschiedlich: Die meisten behaupten, dass sie Werke von Platon oder Sokrates verstehen können, nur der Gedankenaufbau und die Satzstruktur seien anders. Die Grammatik wurde im Neugriechischen stark vereinfacht, jedoch blieben Schreibweise und die meisten Wörter erhalten. Andere sind der Meinung, dass der Unterschied zwischen Alt- und Neugriechisch etwa mit dem Unterschied zwischen Latein und Italienisch vergleichbar sei. Neugriechisch unterscheidet sich in der Aussprache mit Sicherheit stark vom Altgriechischen, wobei die Sprachwissenschaftler sich aber nicht einig sind, wie man Altgriechisch genau ausgesprochen hat. Im 16. und 17. Jahrhundert gab es eine Auseinandersetzung zwischen zwei Gelehrten, Reuchlin und Erasmus aus Rotterdam. In Westeuropa hat sich in der Folge die *Erasmische Aussprache* etabliert, in Griechenland dagegen setzte sich die Meinung durch, die Reuchlin verteidigte. Wer dabei letzten Endes recht hat, lässt sich aus Mangel an „alten Griechen“ nicht mehr feststellen.

WER SIND DIE ITALIENER?

Barentssee
eer
Finnland
Norwegen
Russland
Schweden
Estland
inemark
Lettland
Ostsee
Litauen
Russland
Weißrussland
eutschland
Polen
Tschechien
Ukraine
Slowakei
Moldawien
htenstein
Österreich
Ungarn
Slowenien
Kroatien
Rumänien
Georgie
Bosnien
und
Herzegowina
Serbien
Schwarzes Meer
Italien
Adriatisches Meer
Montenegro
Kosovo
Bulgarien
Nord-
mazedonien
Albanien
Griechenland
Türkei
yrrhenisches
Meer
Mittelmeer
Ägäisches Meer
Syrien

Es mag paradox erscheinen, aber als im Jahre 1861 mit der Gründung des Königreichs Italien die Einheit erreicht wurde, war von den „Italienern" noch nicht viel vorhanden. Es gab zwar Sizilianer, Römer, Neapolitaner, Toskaner, Lombarden, Venezianer und Piemontesen, sie alle als „Italiener" zu bezeichnen, das fiel den Zeitgenossen Garibaldis noch schwer. Der österreichische Fürst Klemens von Metternich hatte schon einige Jahre vorher behauptet, dass Italien „nur ein geografischer Begriff" sei und meinte damit nicht nur die politische Zersplitterung der Halbinsel vor der Einigung, sondern auch die unübersehbaren – und für viele unüberbrückbaren – Unterschiede in Sprache, Mentalität und Traditionen zwischen den Einwohnern von Turin, Venedig, Florenz, Rom und Palermo. Und Massimo d'Azeglio, einer der Protagonisten der italienischen Einigungsbewegung, brachte es auf den Punkt, als er sagte: „Nachdem Italien geschaffen wurde, müssen jetzt die Italiener geschaffen werden."

Keine einfache Aufgabe, denn von den 23 Millionen Einwohnern, die Italien damals hatte, sprachen weniger als die Hälfte Italienisch. Lombarden und Sizilianer hatten enorme Verständigungsschwierigkeiten miteinander, und 78 % der damaligen Italiener konnten weder lesen noch schreiben. Ein Vergleich mit Deutschland macht die Unterschiede klar. Auch Deutschland ist spät im Jahre 1871 national geeinigt worden. Aber im Gegensatz zu Italien existierte in Deutschland schon seit den Napoleonischen Kriegen am Anfang des 19. Jahrhunderts ein Nationalbewusstsein, das in breiten Schichten der Bevölkerung verwurzelt war. In Italien war dieses Nationalbewusstsein nur in einer kleinen intellektuellen Elite vorhanden, die sich auf die Schaffung der einheitlichen Literatursprache und auf die Kultur der Renaissance berief. Auch das Papsttum, das über Jahrhunderte eine religiöse und politische Macht in Italien darstellte, war ein Teil der nationalen Wurzeln, auf die sich einige Vertreter des *Risorgimento*, der italienischen Nationalbewegung, beriefen. Deren antiklerikaler Flügel, der im Papst eher ein Hindernis für die italienische Einigung sah, war allerdings wesentlich einflussreicher. Es waren also hauptsächlich kulturelle Gemeinsamkeiten, die die Protagonisten des *Risorgimento* inspirierten, Ideen, die sich erst danach mit ökonomischen und politischen Überlegungen vermischten.

Die Einigung Italiens vollzog sich durch eine Reihe militärischer Eroberungen der italienischen Regionen durch das Königreich Sardinien-Piemont, die dann nachträglich durch Volksabstimmungen legalisiert wurden. Was diese Eroberungen relativ leicht machte, war weniger das Bewusstsein einer nationalen Identität, sondern eher der Freiheitswille gegenüber ausländischer Besatzung und der Ruf nach demokratischen und sozialen Reformen – in Süditalien gegenüber der Bourbonenherrschaft, in Mittelitalien gegenüber dem Vatikanstaat und in Norditalien gegenüber Österreich. Als die erhofften Reformen ausblieben, drohte das vereinte Italien wieder auseinanderzubrechen. Nur hartes militärisches Eingreifen und ein zentralistisch organisierter Staatsapparat konnten die Einheit zusammenhalten.

Der erste wichtige Faktor, der die Italiener einte und zu dem Volk machte, das sie heute sind, war die Einführung der allgemeinen Schulpflicht, die nicht nur den Analphabetismus reduzierte, sondern auch gesamtitalienische Ideale vermittelte. Ebenso wichtig war die allgemeine Wehrpflicht, die junge Männer aus den verschiedensten Teilen Italiens zusammenführte. Die öffentlichen Feiertage, die bis zur Einigung Italiens fast ausschließlich religiösen Charakter hatten, wurden durch nationale Feiertage ergänzt, bei denen die Helden des *Risorgimento* sowie die wichtigsten Ereignisse der Einheitsbewegung gefeiert wurden. Das gemeinsame Erleben der blutigen Schlachten des Ersten Weltkriegs, der tägliche Kampf ums Überleben in Schützengräben hat Nord- und Süditaliener einander noch etwas näher gebracht, und es war bezeichnenderweise kein Sieg, sondern eine vernichtende Niederlage – die von Caporetto 1917 –, die die Italiener mit einem Schlag als eine Nation erscheinen ließ. Der pathetische Nationalismus von Mussolini, der in der Zwischenkriegszeit Italien wieder zur Macht des Römischen Reiches zurückbringen wollte, hat dagegen relativ wenig Spuren im Bewusstsein der Italiener hinterlassen, wohl auch, weil er schon 1943 scheiterte. In der *Resistenza*, dem bewaffneten Widerstand gegen die deutschen Besatzer und den italienischen Rest-Faschismus in den letzten Jahren des Zweiten Weltkriegs, hatte der Begriff *Patria* (*Vaterland*) dagegen eine stärker einigende Kraft.

Worin alle Bemühungen italienischer Kultus- und Erziehungsminister nur wenig ausrichten konnten, was auch die Kriege und der Faschismus nur unvollkommen schafften, das gelang in der zweiten Hälfte des 20. Jahrhunderts der Allmacht des Fernsehens: selbst in den abgelegensten Dörfern hielt die italienische Hochsprache Einzug. Sind also die Italiener heute *ein* Volk? Keineswegs. Die das ganze Land durchziehenden Stürme der Begeisterung und die rot-weiß-grünen Fahnenmeere, die das Land dominieren, wenn die italienische Nationalmannschaft die Fußball-Weltmeisterschaft gewinnt, sollen nicht darüber hinwegtäuschen, dass viele Italiener aus dem wohlhabenden Norden von einer Grenze träumen, die sie vom eher armen Süden Italiens trennen soll, und dass sich viele immer noch in erster Linie als Sizilianer, Römer, Lombarden oder Venezianer fühlen und erst in zweiter Linie als Italiener. Die Aufgabe, „die Italiener zu schaffen“, die Massimo d'Azeglio als wichtigste Aufgabe des Staates sah, kann noch nicht zu den Akten gelegt werden.

NAME

Für die Herkunft des Wortes *Italia* existieren zahlreiche Hypothesen. Eine davon ist, dass der Name über das Griechische aus dem oskischen *Víteliú* (*Land der Kälber* von *vitulus / Kalb*) entlehnt ist. Der griechische Historiker Dionysius von Halikarnassos stellt diese Behauptung zusammen mit der Legende auf, dass Italien nach Italos benannt wurde, der auch von Aristoteles und Thukydides erwähnt wird, bei dem es sich um den legendären König von Enotria handelte. Eine andere Möglichkeit ist, dass der Name von einem Stamm stammt, der im Süden der Halbinsel lebte, den Italoi. Nach Antiochus von Syrakus bezeichneten die Griechen mit dem Begriff *Italien* zunächst nur den südlichen Teil der Halbinsel Bruttium, welcher der Region um die heutigen Gemeinden Reggio sowie zum Teil Catanzaro und Vibo Valentia entspricht. Zur Zeit Antiochus wurde jedoch auch die umfassendere Bezeichnung von Oinotria und Italien synonym verwendet, und der Name galt auch für den größten Teil von Lucania.

Strabons *Die Geographie* zufolge wurde der Name vor der Expansion der Römischen Republik von den Griechen verwendet, um das Land zwischen der Straße von Messina und der Verbindungslinie zwischen dem Golf von Salerno und dem Golf von Tarent zu bezeichnen. Diese

Abgrenzung entspricht in etwa der heutigen Region Kalabrien. Nach und nach kamen die Griechen dazu, den Namen Italia auf eine größere Region anzuwenden. Die Griechen Italiens wurden auch als *Italioten* (*Ἰταλιῶται, Italiōtai*) bezeichnet. Historikern zufolge soll neben dem *Griechischen Italien* im Süden auch das *Etruskische Italien* im Zentrum der Halbinsel mit demselben Namen bezeichnet werden. Dagegen sind die Grenzen des römischen Italiens besser festgelegt: Catos *Origines*, das erste in Latein verfasste Geschichtswerk, beschreibt Italien als die gesamte Halbinsel südlich der Alpen. Nach Cato bilden die Alpen die „Mauern Italiens".

SPRACHE

Wie viele andere europäische Sprachen hat sich auch das Italienische seit dem 4. Jahrhundert aus dem gesprochenen Latein, das im Mittelalter zu Vulgärlatein wurde, entwickelt; es zählt also zu den romanischen Sprachen. Anders als andere Sprachen blieb das Italienische jedoch bis zum Ende des 19. Jahrhunderts hauptsächlich eine Schriftsprache und wurde erst ab diesem Zeitpunkt auch im mündlichen Sprachgebrauch zunehmend verwendet, bis es schließlich zur Nationalsprache wurde. Warum dauerte dieser Prozess so lange?

Aus dem Vulgärlatein entwickelten sich gleichzeitig alle in Italien noch heute gesprochenen Dialekte: in jeder italienischen Region wurde im 14. Jahrhundert eine andere dialektale Variante des Vulgärlateins gesprochen. Das moderne Italienisch bildete sich allmählich auf der Grundlage einer dieser vielen Dialekte, des Florentinischen, besser gesagt der florentinischen Schriftsprache. Diese genoss in den Augen vieler Literaten, Künstler und Wissenschaftler ein unvergleichliches Prestige. Der Grund dafür waren die Werke der drei bedeutendsten florentinischen Literaten des 14. Jahrhunderts: Dante Alighieri, Francesco Petrarca und Giovanni Boccaccio. Auf der Basis ihrer Schriften wurden im 16. Jahrhundert die ersten Wörterbücher und Grammatiken des Italienischen geschrieben.

Die wichtigste Grammatik mit dem Titel *Prose della volgar lingua* (*Über die Volkssprache*) wurde 1525 von dem Humanisten Pietro Bembo in Venedig veröffentlicht. Hier wurde das Primat des Florentinischen über die restlichen in Italien gesprochenen Sprachvarietäten zum ersten Mal schriftlich festgelegt. Einen weiteren Meilenstein in der Geschichte der Sprache markierte der Mailändische Schriftsteller Alessandro Manzoni, dessen erste Fassung des Meisterwerks *Promessi Sposi* (*Die Brautleute*) 1827 erschien. Sein Ziel war es, sich von der als künstlich empfundenen Sprache der traditionellen Prosa zu lösen, um sich der authentischeren, gesprochenen Sprache der florentinischen Bildungsschicht zu bedienen. Auf ihn ist die bekannte italienische Metapher „sciacquare i panni in Arno" zurückzuführen (wörtlich: Wäsche im Arno waschen; sinngemäß: einen Text der hochitalienischen, also florentinischen Sprache anpassen). Das Ergebnis war eine lebendige und homogene Sprache, größtenteils wie wir sie heute kennen. Sie blieb bis zum Ende des 19. Jahrhunderts jedoch nur den wenigsten, gebildeten Italienern vorbehalten. Die heutige sprachliche Landkarte ist nach wie vor von einer Vielzahl an Dialekten geprägt.

GENETIK UND ETHNOGENESE

39 % der Italiener sind Träger der Haplogruppe R1b (abnehmende Tendenz von Nord nach Süd), J2: 15,5 % (mehr im Süden), E1b1b: 13,5 % (mehr im Norden), G: 9 %, I1: 4,5 % (abnehmende Tendenz von Nord nach Süd), ca. 4 % der Italiener sind Träger der Haplogruppe R1a, wobei diese bei Süditalienern kaum vorhanden ist.

Es war ein buntes Völkergemisch auf dem Gebiet des heutigen Italiens. Das Landesinnere wurde von den italischen Stämmen wie den Sabinern, Samniten, Latinern, Osken und Umbrern bewohnt. Interessant ist, dass die Italiker, die um 1300 v. Chr. die Alpen überquerten und sich vor allem in Mittelitalien ansiedelten, überwiegend zur Haplogruppe R1b-U152 gehörten. Es ist wahrscheinlich, dass sie entsprechend genauso häufig rotes Haar hatten wie die Kelten und die Germanen, was sie aber nach und nach verloren, als sie sich mit ihren dunkelhaarigen Nachbarn vermischten. Die Illyrer bewohnten einige Alpentäler und den Südosten, keltische Gallier die Poebene, Etrusker die Toskana und Etrurien. Griechische Siedler verdrängten die Sikeler und gründeten vom 8. bis zum 6. Jahrhundert v. Chr. mehrere Siedlungen in Süditalien bis hinauf zum heutigen Neapel.

Besonders rätselhaft ist hierbei die Herkunft der Etrusker. Zwischen dem 8. und dem 4. Jahrhundert v. Chr. waren sie das mächtigste Volk Mittelitaliens, bis die Bewohner Roms, die Latiner, ein Hauptstamm der Italiker, die Apenninen-Halbinsel nach und nach eroberten. Bis heute ranken sich Mythen um diese Etrusker. Denn die über Hunderte Jahre hinweg kulturell abgegrenzte Volksgruppe war anders als ihre benachbarten Zeitgenossen. Sie verfügten über erstaunliche technische Fertigkeiten, zum Beispiel in der Metallverarbeitung. Ihre Kunst war hochentwickelt und ihre Sprache, die bis heute nicht völlig entschlüsselt werden konnte, gehörte nicht zu den indoeuropäischen Sprachen, war also anders als alle Sprachen, die in dieser Gegend gesprochen wurden. Manche vermuten, dass das Volk aus dem östlichen Mittelmeerraum zugewandert war, aus Anatolien oder der Ägäis. Diese umstrittene These scheinen auch genetische Untersuchungen zu belegen. Dem Genetiker Alberto Piazza zufolge zeigt ihr Erbgut mehr Ähnlichkeiten mit DNA-Proben aus Anatolien als mit der Genetik heutiger Italiener. In antiken Überlieferungen heißt es ja auch, dass die Etrusker wegen einer Hungersnot aus Lydien (Westanatolien) aufbrachen und sich an der italienischen Küste niederließen. Gegner dieser Theorie, wie der Geschichtsschreiber Dionysos von Halikarnassos, hielten sowohl eine eigenständige Entwicklung in Italien als auch eine Einwanderung aus dem Norden für wahrscheinlicher. Heute vermuten manche Forscher, dass es erst der kombinierte Einfluss italischer und zugewanderter Stämme war, aus dem die Kultur der Etrusker entstehen konnte. Cosimo Posth von der Universität Tübingen analysierte das Erbgut von 82 Etruskern, das eindeutig auf Vorfahren aus der osteuropäischen Steppe hindeutete, die schon während der Bronzezeit nach Italien kamen.

Damit ist es aber immer noch rätselhaft, warum die Etrusker ihre eigene Sprache pflegten. Übrigens, der Sprachwissenschaftler Mario Alinei behauptete in seinem Werk *Etrusco: Una forma arcaica di Ungherese* (*Etruskisch: eine archaische Form des Ungarischen*), dass Etruskisch überraschend starke Ähnlichkeiten mit dem Altungarischen aufweist. Auf jeden Fall ist der Genpool der Etrusker für mindestens 800 Jahre in der Eisenzeit und der Periode der Römischen Republik stabil geblieben. Erst mit der Römischen Kaiserzeit kam ein großer genetischer Umbruch für die Menschen in Mittelitalien, wie der Forscher Johannes Krause ausführte: „Damals mischten sie sich mit Populationen aus dem östlichen Mittelmeerraum, worunter auch Sklaven und Soldaten waren, die innerhalb des Römischen Reichs verschleppt oder umgesiedelt wurden."

Zum Zeitpunkt seiner größten Ausdehnung umfasste das Römische Imperium weite Teile Europas, Asiens und Afrikas. Ab 235 zerfiel das Reich nach und nach, und mehrere germanische Stämme, wie Goten, Alemannen, Vandalen und Langobarden, fielen ein. 774 eroberten die Franken Italien. Später kam es zu Sarazenen-Einfällen und im 11. Jahrhundert eroberten die Normannen Sizilien. Danach veränderte sich das Erbgut der in Mittel- und Süditalien lebenden Menschen kaum mehr. Die späteren Invasionen (Aragoneser, Österreicher) hatten nur minimale Auswirkungen auf die Genetik der Italiener.

Mit welchen Nachbarvölkern sind die heutigen Italiener verwandt? Die Antwort darauf kann man der Cavalli-Sforzas-Tabelle entnehmen. Je höher die Zahl, desto größer die genetische Distanz: Italiener – Griechen: 77, Italiener – Tschechen: 77, Italiener – Norweger: 88, Sarden – Italiener: 221. Was sind die Gründe für die enge genetische Verwandtschaft zwischen Italienern und Norwegern/Tschechen/Griechen einerseits und die im Vergleich dazu nicht so enge genetische Verwandtschaft zwischen Italienern und Sarden? Das kann so erklärt werden, dass die „genetischen Barrieren" zwischen Festland-Völkern untereinander viel niedriger sind als die Barrieren zwischen dem Festland und einer Insel; jedenfalls, wenn die Insel durch ein paar Hundert Kilometer vom Festland getrennt ist.

Andererseits sind die Bewohner mancher griechischen Inseln enger mit den Menschen Süditaliens verwandt als mit den Festland-Griechen. Es gibt eine gemeinsame genetische Abstammung der Bewohner entlang der Küsten von Sizilien bis nach Zypern und Kreta, einschließlich der ägäischen Inseln und Anatolien. „Diese gemeinsame Abstammung reicht zurück bis in prähistorische Zeiten und könnte das Ergebnis mehrerer Migrationswellen mit Spitzen in der Jungsteinzeit und Bronzezeit sein", sagt Stefania Sarno von der Universität Bologna. Anscheinend war die Errichtung der *Magna Graecia*, die Kolonialisierung Süditaliens und Siziliens ab dem 8. Jahrhundert v. Chr. durch griechische Siedler eines der letzten Ereignisse in der Geschichte der Ost-West-Bewegungen.

DIE SARDEN – EIN GENETISCHER SONDERFALL

Warum unterscheidet sich die Genetik der Sarden von der Genetik der anderen Italiener so sehr? Ein Forscherteam fand bei einer DNA-Probe eines Sarden aus dem 3. Jahrtausend v. Chr. einen großen Anteil nordafrikanischer Abstammung. Die Ergebnisse zeigen, dass die Seewanderungen aus Nordafrika lange vor der Ära der Seefahrer-Zivilisationen des östlichen Mittelmeers begannen. Die dort untersuchten Überreste hatten nur wenige Vorfahren aus den alteingesessenen Völkern. Sie stammten aus der Eisenzeit, in der die Expansion und Gründung griechischer und phönizischer Kolonien auf den Inseln des westlichen Mittelmeeres stattfand. „Überraschenderweise zeigen unsere Ergebnisse, dass trotz dieser Vermischungen die modernen Sarden bis zu 62 % der Abstammung von den ersten neolithischen Bauern, die vor 8.000 Jahren nach Europa kamen, beibehalten haben“, sagt David Caramelli von der Universität Florenz. Die genetische Information der Sarden blieb seit den ersten Siedlern auf der Insel vor mehr als 12.000 Jahren aufgrund der geografischen Isolation fast unverändert. Die DNA der Sarden weicht so stark von ihren Nachbarn ab, dass die Genetikerin Anna Olivieri von der Universität Pavia die Einführung einer eigenen sardischen Haplogruppe (SSH für Sardinian-Specific Haplogroups) vorschlug.

Die Sarden sind für Genetiker auch aus einem anderen Grund interessant: Der Anteil der Hundertjährigen ist unter ihnen besonders hoch: 31 pro 100.000 Einwohner. Das Besondere ist dabei, dass die Männer genauso lange leben wie die Frauen. Bekanntermaßen liegt in den industrialisierten Ländern die Lebenserwartung der Männer durchschnittlich um circa sieben Jahre niedriger als die der Frauen. Ein weiteres Sarden-Rätsel …

WER SIND DIE SPANIER?

Barentssee
eer
Finnland
Russland
Norwegen
Schweden
Estland
Lettland
änemark
Ostsee
Litauen
Russland
Weißrussland
Polen
eutschland
Tschechien
Ukraine
Slowakei
htenstein
Moldawien
Österreich
Ungarn
Slowenien
Kroatien
Rumänien
Georgie
Bosnien
und
Herzegowina
Serbien
Schwarzes Meer
Italien
Adriatisches Meer
Montenegro
Kosovo
Bulgarien
Nord-
mazedonien
Albanien
yrrhenisches
Meer
Griechenland
Türkei
Mittelmeer
Ägäisches Meer
Syrien

„Kriege mögen andere führen, du, glückliches Österreich, heirate!" Mit diesem dem römischen Dichter Ovid entlehnten Motto stiegen die Habsburger im 16. Jahrhundert zu einer der mächtigsten Familien der Welt auf. Über Hochzeiten gelangten sie in den Besitz von Teilen Burgunds, der Niederlande, Böhmens und Ungarns und begründeten das spanische Weltreich. Der später einsetzende Verfall der Habsburger hatte europaweit eine große Bedeutung, denn damit erlosch auch die Bedeutung des spanischen Weltreiches. Als der erste Bourbonen-König Felipe V. im Jahr 1700 den spanischen Thron bestieg, lag das Land wirtschaftlich am Boden. Die Erinnerung an die einstige Größe lastet bis heute im kollektiven Gedächtnis.

Man kann sich nicht einmal über die Geburtsstunde Spaniens einigen. Vor Jahren erklärte der damalige spanische Regierungschef José María Aznar die Zeit des Westgotenreichs, also das 7. und 8. Jahrhundert, zum Beginn der spanischen Nation. Andere legten ihn auf das Ende des 15. Jahrhunderts, als Ferdinand von Aragón und Isabella von Kastilien heirateten und ihre Dynastie begründeten. Der Historiker José Álvarez Junco winkt aber diesbezüglich ab: „Das war nicht die Geburtsstunde der spanischen Nation. Das war schlicht die Vereinigung zweier Monarchien. Ein Staat, der die gesamte Iberische Halbinsel mit Ausnahme Portugals umfasste. In diesen Grenzen ist er tatsächlich einer der stabilsten Staaten der Welt, mehr als 500 Jahre alt. Aber das war damals keine Nation. Das war eine komplexe Monarchie aus unterschiedlichen Königreichen, aber mit einem einzigen Regentenpaar. Das war eine politische Einheit, keine emotionale Gemeinschaft, keine Nation."

Diese Aussage scheint sich auch durch den fehlenden Text der spanischen Hymne zu bestätigen. Jeder kennt doch das Bild: Fußballnationalmannschaften treten zu einem Länderspiel an und viele Fans singen die Nationalhymne mit. Anders ist das bei den Spaniern: ihre Hymne hat offiziell keinen Text. Eine der Erklärungen für den fehlenden Text ist die bis heute andauernde Zersplitterung Spaniens. Katalonien und das Baskenland stehen der spanischen Krone kritisch gegenüber und blocken verschiedene Vorstöße einer Textfindung. Wer also sind die Spanier?

NAME

Die Phönizier, die um 1.000 v. Chr. begannen, Handelsstationen und Städte im Gebiet des heutigen Andalusiens zu errichten, begegneten auf ihren Feld- und Handelszügen überall hoppelnden Tierchen, die sie nicht kannten und die es damals nur auf der Iberischen Halbinsel gab. Immerhin ähnelten sie dem Klippschliefer, einem Tier, das die Phönizier aus ihrer Heimatregion im heutigen Libanon kannten. Die Ankömmlinge machten keine großen Umstände und nannten das Land nach dem Klippschliefer, der in ihrer semitischen Sprache *shepan* genannt wurde. Daraus wurde *I-shephan-im* (*das Land der Klippschliefer*), was sich im Lateinischen zu *Hispania* und schließlich zu *España* abschliff.

Wie so meist gibt es aber auch andere Versionen zur Herkunft des Ethnonyms. Manche Forscher meinen, dass es auf einen anderen phönizischen Namen des Gebiets *i-spn-ya* (*der Ort, an dem Metalle geschmiedet werden*) oder auf das iberische Wort *Hispalis* (*die Stadt des Abendlandes*) zurückgehen könnte.

GENETIK

Die Iberische Halbinsel gilt aufgrund ihres einzigartigen Klimas und ihrer Lage am äußersten Rand des Kontinents als Sonderfall in der Geschichte Europas. Während der letzten Eiszeit blieb es in der Region relativ warm, sodass Pflanzen, Tiere und möglicherweise auch Menschen, die sich aus einem Großteil des übrigen Europas zurückziehen mussten, dort weiterleben konnten. Auch das zerklüftete Gelände, die Position an der Mittelmeerküste und die Nähe zu Nordafrika machten die Iberische Halbinsel in den letzten 8 000 Jahren im Vergleich zu anderen Teilen Europas einzigartig in ihren Wechselwirkungen mit anderen Regionen.

Der genetische Ursprung der Spanier setzt sich väterlicherseits aus folgenden Haplogruppen zusammen: R1b: 69 %; J2: 8 %; E1b1b: 7 %; I2a: 4,5 %; G: 3 %; T: 2,5 %; R1a: 2 %; J1: 1,5 %; I1: 1,5 %; I2b: 1 %. Wie man sieht, ist der Großteil der spanischen Genetik indoeuropäisch. Man geht davon aus, dass die Spanier keltischen Ursprungs sind und später in geringerem

Maße von römischer Genetik beeinflusst wurden. Die Römer hinterließen etwa 15 % der Y-DNA, wobei der Anteil an der Mittelmeerküste, in Andalusien und Extremadura höher ist. Germanische männliche Linien machen heute etwa 4 % aus, mit Höchstwerten von bis zu 10 % im Nordwesten und in Katalonien. Die Spanier weisen auch regional unterschiedliche Anteile afrikanischer Genetik auf, was auf eine Vermischung mit nordwestafrikanischen Völkern um 860–1120 zurückzuführen ist.

Die bei den Spaniern absolut dominierende Haplogruppe R1b hat sich vor etwa 25 000 Jahren von R1a abgespalten. Der wahrscheinlichste Ort dafür war Zentralasien, rund um das heutige Kaspische Meer, das erst nach der letzten Eiszeit zu einem Meer wurde. Nomadische Jäger und Sammler siedelten auf seiner grüneren kaukaso-anatolischen Seite, wo sie Kühe, Schweine, Ziegen und Schafe domestizierten. Später wanderten Teile des R1b-Stammes durch den Kaukasus, um die ausgedehnten Grünlandflächen für ihre Herden zu nutzen. Ab 3500 v. Chr. migrierte die überwiegende Mehrheit der R1b entlang der Schwarzmeerküste zum Balkan, wo sie sich mit Alt-Europäern vermischten. Sie nahmen sich Frauen aus der Region als Ehefrauen und Konkubinen, wodurch neue gemischte Ethnien entstanden. Die Migration von R1b nach Westeuropa muss mit der Verbreitung der Bronzezeit in Frankreich, Belgien, Großbritannien und Irland um 2100 v. Chr. geschehen sein, eine Migration, die mit der Untergruppe R1b-L21 verbunden ist. Eine zweite Migration fand um 1800 v. Chr. nach Südwestfrankreich und Iberia statt und ist mit R1b-DF27 assoziiert. Diese zwei Zweige werden als keltisch betrachtet, aber wegen ihrer frühen Trennung sind sie unterschiedlicher als die späteren italischen und kontinentalen keltischen Zweige (beide R1b-U152).

Die mütterliche genetische Linie ist hauptsächlich neolithischen und mesolithischen Ursprungs, verbunden mit den Haplogruppen H1, H3, HV0, K1a, J1c, J2a1, J2b1a, T2, U5b, V und X, die im Baskenland oder Asturien mehr als 80 % und in anderen Regionen mehr als 50 % der mütterlichen DNA ausmachen.

Dass die mütterliche und väterliche Genetik der Spanier so unterschiedlich ist, liegt nach dem Wissenschaftler Mattias Jakobsson an diversen Invasionen. Das Gebiet des heutigen Spaniens war in der Vergangenheit durch Gebirgsketten und Gletscher vom übrigen Europa abgeschnitten. Dies machte Iberien zu einem Zufluchtsort für viele Gruppen von Urmenschen. So lebten beispielsweise Neandertaler dort mehrere zehntausend Jahre länger als im übrigen Eurasien. Es hieß lange Zeit, dass diese Nachkommen der ersten Jäger und Sammler, die vor 40 000 Jahren auf den Subkontinent vordrangen, die Invasion der Steppenvölker überlebten und ihre Spuren in der DNA der Bewohner der Halbinsel hinterlassen konnten. Dafür spricht zum Beispiel die Existenz der Basken, die keine indoeuropäische Sprache sprechen.

Die Bewohner der Iberischen Halbinsel erlebten zwei *genetische Invasionen*. Beim ersten Mal, vor 13 000 Jahren, wurde eine Gruppe von Jägern und Sammlern von einer anderen Gemeinschaft verdrängt, die aus der Richtung des heutigen Frankreichs kam. Es scheint sich dabei um eine innereuropäische Wanderung gehandelt zu haben. Bei der zweiten Invasion kamen indoeuropäische Stämme über die Pyrenäen, nachdem sie einen weiten Weg von der Schwarzmeerregion und dem Kaspischen Meer zurückgelegt hatten. Allerdings wirkte sich dieses Ereignis auf Männer und Frauen unterschiedlich aus. Die Einwanderer verdrängten die einheimischen Männer in großem Maße, während die Frauen die Hälfte ihres genetischen Erbes behielten. Die Wissenschaftler wissen nicht, worauf diese erheblichen Unterschiede zurückzuführen sind. Sie argumentieren, dass es nicht unbedingt auf einen militärischen Konflikt zurückzuführen ist. Vielleicht zogen es die Frauen einfach vor, Beziehungen mit den Migranten einzugehen.

Interessant ist auch, dass die fremden Indoeuropäer ihr genetisches Material nicht nur bei den Spaniern und Portugiesen hinterlassen haben, die DNA der Basken hat genau die gleiche Veränderung erfahren. Sie jedoch behielten ihre kulturelle und sprachliche Isolierung bei.

Was das Aussehen der Spanier betrifft, gehören die meisten von ihnen (ohne die Migranten des 20. Jahrhunderts zu berücksichtigen) nach Meinung des Anthropologen Nikolai Tscheboksarov zum indo-mediterranen Typ. Zu den anderen Typen (in absteigender Reihenfolge) gehören der balkanisch-kaukasische Typ im Baskenland und an der Südküste der mitteleuropäische Typ in den Bergen im Norden sowie der atlantisch-baltische Typ in Galicien und im Nordosten. In Extremadura und Andalusien ist ein Einfluss des äquatorialen Typs festzustellen.

GUANCHEN ALS GENETISCHER SONDERFALL

Der Name *Guanchen*, eigentlich *Guanchinet*, hat seinen Ursprung in der Sprache der Berber, einem Volk aus Nordafrika. Hier heißt *Guan* so viel wie *Mensch*, und *Chinet* steht für *Teneriffa*. So erklärt sich, dass die Guanchen streng genommen die Ureinwohner Teneriffas sind, auch wenn man heute häufig so die Ur-Einwohner aller Kanarischen Inseln nennt. Nach Rosa Fregel von der Universidad de La Laguna kamen sie aus Nordafrika und verließen ihre Heimat, weil sich die Saharawüste ausbreitete und damit Weideland verloren ging, aber auch aufgrund des Vordringens der Phönizier und der Römer. Die Berber sollen ab 500 v. Chr. auf einfachen Schilfbooten 100 Kilometer bis zur nächstgelegenen Kanarischen Insel, Fuerteventura, überwunden haben.

Bekräftigt wird die Theorie durch Funde, die verwandte Begriffe in den nordafrikanischen Sprachen belegen. Ein Berberstamm nennt sich Ghomera (ähnlich wie *La Gomera*, eine der Kanarischen Inseln), und der Name *Agulo*, eines Dorfes auf La Gomera, scheint verwandt mit *Aguglu*, einem Dorf in Marokko. Auch der Begriff für *Himmel* (*Tigotan*) ist bei Berbern und Guanchen identisch.

Aus dem Erbgut der heutigen Guanchen lassen sich allerdings keine sicheren Schlüsse auf ihre Herkunft ziehen. Zu stark ist der genetische Einfluss der Europäer, die seit der spanischen Eroberung zwischen 1403 und 1496 auf die Inseln kamen. Die mütterlichen Haplogruppen H1cf, H1e1a9, H2, H3 und H4a1e, die bei den vom 6. bis zum 14. Jahrhundert lebenden Guanchen festgestellt wurden, weisen aber tatsächlich auf eine Verwandtschaft mit den Berbern hin. Nach Reiseberichten war Teneriffa im 15. Jahrhundert von hellhäutigen Eingeborenen bewohnt, mit grauen und blauen Augen und braunem oder rötlichem Haar. Der Seefahrer Jean de Betancourt beschrieb die Sprache der Guanchen. Sie konnten sich über eine Entfernung von bis zu 15 Kilometern unterhalten, ohne einen Laut von sich zu geben, nur die Lippen bewegend oder auch pfeifend. Auf einer der Inseln gibt es immer noch eine pfeifende Sprache *silbo gomero*.

ETHNOGENESE

Die Iberer waren vorindoeuropäische Bewohner des Ostens und Südens der Iberischen Halbinsel. Sie kamen möglicherweise aus Nordafrika oder dem östlichen Mittelmeerraum. Die jüdische Organisation *Brit-Am* glaubt sogar beweisen zu können, dass der Begriff *Iberer* auf *Hebräer* zurückgeht, was auf eine Abkunft des Volkes von den verlorenen Stämmen Israels schließen ließe. Die Griechen titulierten noch einen anderen Volksstamm als Iberer, nämlich die *kaukasischen Iberer*. Der Grund für diese Namensgleichheit ist unbekannt, ein genetischer Zusammenhang lässt sich nicht finden.

Nach einigen Historikern waren die Iberer ein seltsames Volk. Zumindest, wenn das stimmt, was der Historiker Diodor über sie schrieb. Unmengen von Fleisch sollen sie gegessen haben, Wein tranken sie in Massen, vermischt mit Honig, und wenn es ums Kämpfen ging, machte ihnen niemand etwas vor. Die Mutigen seien nackt in die Schlacht gezogen. Zu den Merkwürdigkeiten gehörte auch ihr Umgang mit Feinden. „Den gefallenen Gegnern", schrieb Diodor, „schlagen sie die Köpfe ab und hängen sie um den Hals ihrer Pferde." Eine makabre Sitte, aber es ging noch schlimmer, denn „es sei üblich, die abgeschlagenen Schädel zusammen mit den blutigen Waffen als Trophäen aufzuhängen". Bei Ausgrabungen wurden tatsächlich menschliche Schädel gefunden, die von Nägeln durchbohrt und beim Eingang von Wohnhäusern befestigt waren. Die Schädel edler Feinde, schrieb Diodor weiter, hätten die Iberer in Zedernöl eingelegt und in Kisten verpackt.

Es war keineswegs ein einheitliches Volk, vielmehr ein Konglomerat aus verschiedenen ethnischen Gruppen, die sich seit dem 6. Jahrhundert v. Chr. aus den vorwiegend südspanischen Kerngebieten nach Nordosten, bis in das heutige Südfrankreich hin ausbreiteten. Sie hatten überregionale Verwaltungs- und Wirtschaftszentren, von denen aus weitreichende Handelsbeziehungen bis nach Griechenland und in die Levante gepflegt wurden. Neben der Landwirtschaft scheint der Bergbau in der Wirtschaft der Iberer eine große Rolle gespielt zu haben. Schon Diodor schwärmte von reichen Gold- und Silbervorkommen. Lange war ihr Siedlungsgebiet das Ziel fremder Mächte. Die in der Levante beheimateten Phönizier gründeten im 8. Jahrhundert v. Chr. an der Stelle der heutigen Stadt Cádiz einen Handelsstützpunkt. Seit dem Ende des 7. Jahrhunderts v. Chr. setzten sich die Griechen in Katalonien fest. Nach ihnen siedelten die Ligurer vor allem nördlich der Pyrenäen, aber auch im Osten der Iberischen Halbinsel. Im 5. und 4. Jahrhundert v. Chr. wanderten Kelten nach Westen und verdrängten die Ligurer.

Die Kultur der Kelten herrschte im Norden und Westen der Halbinsel vor, während die Iberer den Süden hielten. Die Iberer vermischten sich mit der Zeit mit den Kelten zu den Keltiberern. Aus dieser Zeit stammen die Stammeseinteilungen in Keltiberer, Lusitanier (im heutigen Portugal), Asturer und Kantabrer (Nordwestspanien) sowie Turdetaner (bei Tartessos). Zur Zeit der Punischen Kriege gerieten sie ins Blickfeld der Geschichte. So kamen sie für kurze Zeit unter die Herrschaft der Karthager und stellten auch Truppen für Hannibals Heer. Anschließend wurden sie vom Römischen Reich militärisch bedrängt und besetzt.

Als das Römische Reich immer schwächer wurde, fielen germanische Stämme in das ehemalige Reich ein. Einige waren Foederati, Stämme, die zum Dienst in römischen Armeen rekrutiert wurden und als Bezahlung Land erhielten, während andere, wie die Vandalen, die schwächelnde Verteidigung des Reiches ausnutzten, um zu plündern. Die Westgoten gründeten ihrerseits das Königreich Toulouse (im Süden des heutigen Frankreichs) und weiteten nach und nach ihren Einfluss auf die Halbinsel aus. Nach einem römischen Feldzug, in dessen Verlauf auch westgotische Heere eingesetzt worden waren, brachen die politischen Gebilde in Spanien zusammen. Die Vandalen und Alanen setzten 429 nach Afrika über, wo sie ihr eigenes Königreich gründeten.

Das spanische Westgotenreich entstand um 500 und wurde 711 von den Mauren vernichtet. Die Oberschicht zog sich zusammen mit Vasallen und Anhang ins Bergland zurück, wo sie den Abwehrkampf aufnahm und zur *Reconquista* (*Wiedereroberung*) ansetzte. Die Spuren der Westgoten sind noch immer bei spanischen Namen hörbar, zum Beispiel bei Rodrigo (Roderich), Ricardo (Rekkared), Adolfo (Adalwulf), Enrique (Heimrich) oder Elvira (Athalwer). Alle Nachnamen, die auf *-ez* enden, haben ebenfalls einen gotischen Ursprung, denn dieses Suffix bedeutet *Sohn von*. Auch Wörter des Spanischen wie *guerra* (*Krieg*) und *guardia* (*Wache*) von *Wehr*, *yelmo* von *Helm*, bandera von *Banner*, *botín* von *Beute* stammen aus dem Gotischen.

Das von Mauren eroberte Territorium wurde unter dem Namen *Al-Andalus* ein wohlhabendes kulturelles und wirtschaftliches Zentrum, aber die Reconquista beendete diese Blütezeit. 1232 wurde das mächtige Emirat von Córdoba erobert, 1241 geschah dasselbe mit Murcia und 1248 mit Sevilla. Zuletzt kapitulierte das Emirat Granada 1492. Den unterworfenen Mauren wurde Glaubensfreiheit zugesichert. Aber der Geist der Toleranz konnte sich nicht lange halten; noch im gleichen Jahr unterschrieben die katholischen Könige ein Dekret, nach dem alle Juden das Land verlassen mussten, wenn sie nicht zum Christentum konvertierten. Juden ließen sich in Südspanien schon im ersten Jahrhundert nach der römischen Eroberung von Judäa und der Zerstörung des Jerusalemer Tempels nieder. Bis zu 50 000 der Sepharden gingen weg. Und nur wenig später, im Jahr 1502, wurden auch die Mauren vor die Wahl gestellt: Taufe oder Emigration. Die Mehrheit wählte die Konversion. Später, in den Jahren zwischen 1609 und 1611 wurden jedoch auch die getauften Mauren (275 000) aus Spanien ausgewiesen.

Zeitgleich mit dem Sieg der Reconquista fand Spanien seine Sonnenseite im Westen. Die spanische Königin versorgte Kolumbus mit Geld und stattete ihn für seine Seefahrt aus, denn wenn der Mann recht hätte, so ihre Überlegung, dann böte sich eine Chance, dem großen Konkurrenten Portugal nebst seinen Eroberungen in Afrika und Asien etwas Ebenbürtiges an die Seite zu stellen.

In dieser Zeit kam es auch zur Konsolidierung der Sprache. Amtssprache wurde Kastilisch (das heute als *Spanisch* betitelt wird), das zum romanischen Zweig der indoeuropäischen Sprachfamilie gehört und mit dem Aragonesischen, dem Asturleonesischen, dem Galicischen und dem Portugiesischen die engere Einheit des Iberoromanischen bildet. Die Konsolidierung der Nation ist dagegen noch immer nicht abgeschlossen. Das Verhältnis zwischen dem Zentrum und den Regionen ist konfliktbeladen. Dies hat auch mit einem in der Verfassung angelegten Spannungsverhältnis zu tun: Artikel 2 sieht sowohl die *unauflösliche Einheit der Nation* als auch das Recht auf *Autonomie der Nationalitäten* vor – ohne diese Begriffe zu definieren. Dass sich viele Katalanen und Basken ihrer eigenen *Nation* und nicht nur ihrer *Nationalität* zugehörig fühlen, lässt diesen Konflikt weiter bestehen.

WER SIND DIE RUMÄNEN?

Barentssee
eer
Finnland
Russland
Norwegen
Schweden
Estland
änemark
Lettland
Ostsee
Litauen
Russland
Weißrussland
eutschland
Polen
Tschechien
Ukraine
Slowakei
htenstein
Moldawien
Österreich
Ungarn
Slowenien
Rumänien
Kroatien
Georgie
Bosnien
und
Herzegowina
Serbien
Schwarzes Meer
Italien
Adriatisches Meer
Bulgarien
Montenegro
Kosovo
Nord-
mazedonien
Albanien
Tyrrhenisches
Meer
Türkei
Griechenland
Mittelmeer
Ägäisches Meer
Syrien

Eine Berufsgruppe hat es offensichtlich leicht, wenn es darum geht, mit nur einem Satz viele Rumänen gegen sich aufzubringen: Rockmusiker. Sie gehen auf die Bühne und rufen vor Hunderttausenden Fans in der Hauptstadt Bukarest: „Good evening, Budapest!" Oder, wenn es empathisch sein soll: „Jó estét kívánok, Budapest!" Lenny Kravitz, Metallica, Whitesnake, Iron Maiden: sie alle spielten in Bukarest, wähnten sich aber etwa 800 Kilometer weiter nordwestlich, in Budapest. Eine Verwechslung, die nur allzu häufig vorkommt. Das Europa-League-Finale im Fußball von 2012 fand in Bukarest statt. Es spielte Atlético Madrid gegen Athletic Bilbao. Fast vierhundert spanische Fans landeten dabei in Budapest, denn sie hatten die falschen Flugtickets gekauft, obwohl auf den Eintrittskarten für das Spiel deutlich *Arena Nationala, Bucharest* zu lesen war.

Die Rumänen mögen es verständlicherweise nicht, ständig mit den Nachbarn verwechselt zu werden. Die römische Abstammung ist der große Stolz der Rumänen, und die Sprache ist eine dabei besonders empfindliche Stelle, wenn wieder einmal gefragt wird, ob Rumänisch ein slawisches Idiom sei. Der slawische Einfluss ist fraglos groß, dennoch möchte man *eine lateinische Insel im slawischen Meer* bleiben. Und über Gemeinsamkeiten mit dem Albanischen redet man noch weniger, obwohl es Linguisten gibt, die viele Gemeinsamkeiten der beiden Sprachen im Wortschatz und in der Grammatik identifizieren.

RUMÄNEN UND ROMA

Verbringt ein Rumäne eine Zeit im Ausland, bekommt er schnell mit, wie vielen Menschen dort nicht bewusst ist, dass Rumänen und Roma unterschiedliche Völker sind. Wegen der Ähnlichkeit der Bezeichnungen, und auch weil viele Roma aus Rumänien auswandern, kommt es immer wieder zu Verwechslungen.

Vor einiger Zeit veröffentlichte die Bukarester Zeitung *Jurnalul National* den Vorschlag, im öffentlichen Sprachgebrauch nur noch den Begriff *Zigeuner* zu benutzen und auf die Bezeichnung *Roma* gänzlich zu verzichten. In Rumänien löste die Anregung erwartungsgemäß einen Beifallssturm aus. Die Zeitung begründete ihren Vorschlag mit dem Hinweis, im Ausland verwechsle man ständig Rumänen und Roma. Diese Verwechslung, so hieß es weiter, komme wegen der ähnlich klingenden Bezeichnungen zustande und füge dem Ansehen der Rumänen in der Welt einen ungeheuren Schaden zu, sie beschädige das Image des Landes. Vor allem die Italiener glaubten, Rumänien sei ausschließlich von Roma besiedelt. Dieser Zustand müsse beendet und der internationalen Öffentlichkeit gezeigt werden, dass die Rumänen eigentlich Nachkommen der Römer seien und nichts mit den im Mittelalter aus Indien eingewanderten Roma zu tun hätten. Als diesen nach dem Untergang des kommunistischen Regimes 1990 offiziell der Status einer nationalen Minderheit zuerkannt worden war, hätten sie absichtlich die Volksbezeichnung *Roma* durchgesetzt, um die Unterschiede mit den Rumänen zu verwischen.

Diese Debatte ist nicht neu. Nachdem Bukarest dem Druck europäischer Gremien nachgegeben und versprochen hatte, die diskriminierende Bezeichnung *Zigeuner* aus dem offiziellen Sprachgebrauch wieder zu tilgen und durch *Roma* zu ersetzen, gingen die Sprachpuristen auf die Barrikaden. Mit dem Argument, jegliche Verwechslung von Roma und Rumänen unterbinden zu wollen, setzten sie sich letztendlich durch. Ihr Vorschlag, das Wort *Roma* mit einem Doppel-R (*Rroma*) zu schreiben, wurde dankend angenommen. Mittlerweile diskutiert man die Wiedereinführung der Bezeichnung *Zigeuner*, um diesem seltsamen linguistischen Konstrukt ein Ende zu bereiten. Hinzu kommt, dass viele Roma mit Stolz die Bezeichnung *Zigeuner* verwenden. So schreibt die Literaturnobelpreisträgerin Herta Müller: „Ich bin mit dem Wort ‚Roma' nach Rumänien gefahren, habe es in den Gesprächen anfangs benutzt und bin damit überall auf Unverständnis gestoßen. ‚Das Wort ist scheinheilig', hat man mir gesagt, ‚wir sind Zigeuner, und das Wort ist gut, wenn man uns gut behandelt.'"

Vielleicht ist diese Aussage die einfachste Antwort auf eine so komplexe Frage. Auf jeden Fall sind Rumänen und Roma verschiedene Völker. Roma sind eine Bevölkerungsgruppe mit einer Herkunft auf dem indischen Subkontinent. Ihre Sprache gehört zu den neuindischen Sprachen innerhalb der indoarischen Sprachgruppe.

WOHER STAMMT DER NAME?

Die Geschichte Rumäniens ist stark vom Rückgriff auf die Epoche der Römer geprägt, was sich auch im Namen widerspiegelt. Der rumänische Begriff *România* für Rumänien kommt von *Român* (*Rumäne*), was seinerseits eine Fortsetzung des lateinischen *romanus* (*Römer*) darstellt. Die ältesten bekannten Dokumente, die den Begriff *Rumäne* attestieren, stammen von Berichten italienischer Humanisten, die im 16. Jahrhundert auf Erkundungsreise durch Siebenbürgen, die Walachei und Moldau waren. Francesco della Valle schrieb 1532, dass die Rumänen „sich selber als Römer in ihrer Sprache bezeichnen". Historische Dokumente weisen zwei Schreibweisen für Rumänen auf: *român* und *rumân*. Diese Bezeichnungen hatten im Mittelalter die Bedeutung von *gemeinem Volk*. Im 17. Jahrhundert, als sich die Leibeigenschaft massenhaft verbreitete, wurde das gemeine Volk zu Leibeigenen, sodass *rumân* die Bedeutung *Leibeigener* gewann, während *român* seine ethno-sprachliche Bedeutung behielt. Nach der Abschaffung der Leibeigenschaft 1746 ging die Form *rumân* in der Sprache allmählich verloren.

Der andere Begriff *Walachen* war dahingegen immer eine Fremdbezeichnung. Er stammt ursprünglich aus dem Germanischen und wurde durch südslawische und dann durch lateinische und griechische Vermittlung in verschiedenen Gebieten zur Bezeichnung vor allem romanisierter oder romanischer Völker verwendet. Das zugrundeliegende germanische Wort *Walchen* (das dazugehörige Adjektiv ist *welsch*), althochdeutsch *walha* (Adjektiv *walhisk*), ist aus dem Ethnonym der Volcae entlehnt. So nannte man ein antikes keltisches Volk, das ihr ursprüngliches Siedlungsgebiet zwischen Rhein, Main und Leine sowie im Thüringer Wald hatte. Als die Kelten romanisiert wurden, benutzten die Germanen den Begriff *welsch* für ihre Nachbarn, wodurch er die Bedeutung *romanisch* erhielt. Das im 14. Jahrhundert südlich der Karpaten entstandene rumänische Fürstentum wurde entsprechend als *Walachei* bezeichnet, das Fürstentum Moldau nannte man *Moldo-Valahia*. Erst seit dem 19. Jahrhundert wird der Begriff *Walachen* für die Rumänen immer seltener genutzt.

SPRACHE

Die rumänische Sprache gehört zu den romanischen Sprachen. All diese Sprachen haben sich aus dem gesprochenen (Vulgär-)Latein entwickelt, der Sprache des römischen Imperiums. Innerhalb der romanischen Sprachfamilie gehört das Rumänische zur Untergruppe der ostromanischen Sprachen. Dazu werden neben dem Rumänischen auch die italienische, die korsische und die dalmatische Sprache gezählt. Letztere wurde im Bereich der östlichen Adriaküste gesprochen, ist jedoch heute ausgestorben. Die bekanntesten westromanischen Sprachen sind Französisch, Spanisch und Portugiesisch. Allen romanischen Sprachen ist gemein, dass sie sich seit der Spätantike vom gesprochenen Latein deutlich weiterentwickelt haben. Im Verlauf des Mittelalters haben sich die einzelnen romanischen Sprachen herausgebildet.

Im Rumänischen unterscheidet man vier Hauptdialekte. Der größte hiervon ist das *Dakorumänisch*, das heute vor allem in Rumänien und Moldawien gesprochen wird. Die *aromunische* Sprache, oft auch *Mazedo-Rumänisch* genannt, wird je nach Region mit dem lateinischen oder griechischen Alphabet verfasst und weist viele Einflüsse aus dem Griechischen auf. Die *meglenorumänische* Sprache wird nur noch von einigen Tausend Sprechern im Grenzgebiet zwischen Griechenland und Mazedonien gesprochen. Bei ihr sind, im Gegensatz zum *Aromunischen*, viele slawische Einflüsse erkennbar. Die *istrorumänische* Sprache auf der kroatischen Halbinsel Istrien wird nur noch von wenigen Menschen gesprochen. Alle Istrorumänen sind aufgrund der geografischen Lage zweisprachig, daher hat die kroatische Sprache einen starken Einfluss auf das *Istrorumänische* genommen.

Als Standardsprache gilt das Rumänisch, das in der Region um Bukarest verbreitet ist. Es enthält viele Lehnwörter aus dem Griechischen, dem Türkischen und dem Ungarischen. Vermutungen zufolge bestehen in der Sprache mindestens 160 lexikale Vererbungen von Dakern. Wörter wie zum Beispiel *balaur* (*Drache*) oder *brânza* (*Käse*) werden als dakisches Substrat angesehen. Einige dieser Begriffe findet man übrigens auch in der albanischen Sprache. Zudem hat Rumänisch eine beträchtliche Menge slawischer Wörter in sein Vokabular aufgenommen, sodass Gelehrte es für eine

Weile als slawische Sprache betrachteten. Obwohl die Neulatinisierung im 19. Jahrhundert viele slawische Lehnwörter ersetzte, sind bis zu 15 % des rumänischen Wortschatzes immer noch slawischen Ursprungs. Die frühesten slawischen Lehnwörter, die zum Grundvokabular gehörten, überlebten am besten, zum Beispiel *prag* (*Schwelle*), *nevastă* (*Frau*) und *rai* (*Himmel*).

Die Christianisierung der Rumänen kam über Griechenland und Bulgarien ins Land und stand kulturell in enger Beziehung zur Mission der Mönche Kyrill und Method, weshalb aufgrund deren religiösen Ausprägung die Sprache slawisch-orthodox geprägt wurde. Eine Reihe von Entlehnungen im heutigen kirchlichen Sprachgebrauch bezeugen das noch: *duh* (*Geist*), *slujba* (*Gottesdienst*), *taina* (*Sakrament*) oder auch *vladica* (*Herrscher*, als Anrede für einen Bischof). Die rumänische Sprache wurde ab dem 16. Jahrhundert mit dem kyrillischen Alphabet verfasst, erst 1862 führte man das lateinische Alphabet ein, das aus 26 Buchstaben sowie fünf Sonderzeichen besteht (ă, â, î, ş, ţ).

GENETIK

Wissenschaftler haben das Genom der Rumänen untersucht und dabei eine große Überraschung erlebt. Es stellte sich heraus, dass die Rumänen genetisch gesehen ihren slawischen Nachbarn näher stehen als zum Beispiel den Italienern. Um dies zu erklären, muss man sich die slawische Wanderungsroute in Erinnerung rufen. Von Böhmen aus besiedelten die Slawen Mähren. Von dort aus ging ein Teil von ihnen über Ungarn nach Serbien und Bulgarien, der andere Teil wanderte in die heutige Slowakei und von dort aus nach Ungarn und in das Gebiet des heutigen Rumäniens. Mit der Zeit kam es zu einer Vermischung der Slawen mit den Einheimischen. Die slawischen Völker sind durch die dominierenden Haplogruppen R1a und I2 gekennzeichnet, die Westeuropäer durch die Haplogruppen R1b und I1. Die häufigsten Haplogruppen bei den Rumänen sind I2a (28 %), R1a (18 %), R1b (15 %), E1b (14 %), J2 (14 %) und I1 (4 %). Vergleicht man das mit den Haplogruppen der Bulgaren: I2a (20 %), R1a (18 %), E1b (20 %), R1b (5 %), J2 (8 %), I1 (4 %), sieht man, dass eine Verwandtschaft beider Völker nicht von der Hand zu weisen ist.

ETHNOGENESE

Die Trajanssäule im Zentrum Roms ist ein in Stein gehauener Militärbericht. In 124 Einzeldarstellungen erzählt sie den Verlauf der Dakerkriege, die Kaiser Trajan 101 bis 107 mit dem Ziel führte, den unruhigen Nachbarn die Lust auf Raubzüge in die römische Provinz Moesia auszutreiben und das Land im Karpatenbogen und am Nordufer der Donau seinem Reich einzuverleiben. Der Gründung der Provinz Dacia folgte die massenhafte Ansiedlung von Kolonisten aus allen Teilen des Reichs, vorwiegend Veteranen aus den Legionen. Die lateinische Sprache der Zuzügler, die nun Verwaltungssprache der Provinz war, wurde von den Einheimischen rasch angenommen. Die ehemaligen Soldaten heirateten oft dakische Frauen. Die Vermischung von römischen Siedlern und Dakern und deren sprachliche Assimilation an das Lateinische wird als Ethnogenese des rumänischen Volkes angesehen. Die Romanisierung geschah also ähnlich wie in Gallien und Iberien.

Der Staat der Daker war zur Zeit der römischen Eroberung gut organisiert und stellte gerade deshalb eine Gefahr für Rom dar. Um 70 v. Chr. hatte König Burebista die verschiedenen Stämme zu einem Reich zusammengeschweißt, mehr als 100 Jahre später erstand den Römern in König Decebal ein angriffslustiger Feind, der zunächst mehrere römische Heere schlug und mit Zahlungen befriedet werden sollte. Als er weiter aufrüstete, schritt Trajan ein, und Decebal, vernichtend geschlagen, zog den Freitod einer Vorführung im Triumphzug in Rom vor. Der dakische Widerstand war gebrochen, ein Teil der Bevölkerung wurde über die Reichsgrenze vertrieben, allerdings wurden diese *Daci liberi* (*die freien Daker*) später in die Provinz zurückgeholt.

Im 3. Jahrhundert war die Grenze gegen den wachsenden Druck und die Invasionen der Goten nicht mehr zu halten und Kaiser Aurelian gab die Provinz 272 auf. Ein Teil der Zivilbevölkerung wurde mit den Legionen evakuiert. Überraschenderweise hat die romanisierte Bevölkerung ihre Sprache nicht nur über die Zeit der Völkerwanderung hinweg erhalten, auch das Einwandern der Slawen, die fast die ganz Balkanhalbinsel besetzten, und die Landnahme der Magyaren konnten ihre Sprache nicht verdrängen, wenn auch ihr Wortschatz slawische Elemente aufnahm, und in der Grammatik Übereinstimmungen mit anderen Balkansprachen zu finden sind. In den folgenden Jahrhunderten zogen viele Völker durch das Land der Daker. Im Laufe der Zeit gehörte es zum Oströmischen Reich, den bulgarischen und ungarischen Königreichen und zum Osmanischen Reich. Später wurde es dann zu einem Haufen kleiner Fürstentümer. Im 19. Jahrhundert fügte sich diese bunte Vielfalt langsam zum heutigen Rumänien zusammen.

Mit dem aufkeimenden Nationalismus wurden Siedlungsraum, Machtbereich und Weiterleben dieses Volkes zu einer Streitfrage von politischer Brisanz. Es ging dabei vor allem um Siebenbürgen bzw. Transsilvanien, das seit der Landnahme der Magyaren ein Bestandteil des Königreichs Ungarn war. Zur Sicherung der Ostgrenze waren dort zuerst die magyarischen Szekler, dann die deutschen *Sachsen* angesiedelt worden. Die ethnisch-demografische Gliederung Transsilvaniens sah Ende des 15. Jahrhunderts folgendermaßen aus: Die Bevölkerungsmehrheit stellten die rund 400.000 Magyaren und Székler, und überdies lebten in Siebenbürgen damals rund 100.000 Sachsen und etwa 200.000 Rumänen. Von den vier genannten Völkerschaften in Siebenbürgen standen die Rumänen, die vornehmlich Hirten und Fronarbeiter waren, in der sozialen Hierarchie ganz unten. Ihre Benachteiligung manifestierte sich nicht zuletzt in jenem Bündnis, das die drei anderen Völker Transsilvaniens 1437 über ihre Köpfe hinweg miteinander schlossen. In jenem Jahr hatten sich Ungarn, Sachsen und Székler als *die drei ständischen Nationen* Siebenbürgens proklamiert, infolgedessen die Rumänen nur noch eine Nation zweiten Ranges bildeten. Nach der Einnahme Ungarns durch die Osmanen (1526/1541) erlangte Siebenbürgen den Status eines souveränen Fürstentums. Zwar musste es fortan seinen Tribut an die Porte in Konstantinopel entrichten, doch konnte es seine Souveränität weitgehend bewahren.

Die nationalen Kräfte im 1881 gegründeten Königreich Rumänien sahen die Vereinigung aller Rumänen in einem Staat als ihr Ziel, und damit begann der Kampf um Siebenbürgen. Der Blick zurück in eine zweitausendjährige Vergangenheit sollte die Argumente dafür liefern, wer als *autochthon* die besseren Ansprüche in der Gegenwart hatte. Die Wissenschaft wurde zurate gezogen, und wie so oft in solchen Fällen zeigte diese sich völlig uneins, wobei dahingestellt bleiben mag, wie sachbezogen die jeweiligen Beweise, mit denen argumentiert wurde, in jedem einzelnen Fall waren. Nicht nur ungarische und rumänische, sondern auch österreichische und deutsche Gelehrte stritten miteinander, und die dargelegten Standpunkte widersprachen dabei einander erheblich.

Von den meisten ungarischen Historikern wurde die dakische Herkunft der Rumänen heftig bestritten. Sie wiesen darauf hin, dass die Magyaren Ende des 9. sowie Anfang des 10. Jahrhunderts Awaren und Bulgaren, nicht aber Rumänen, aus dem heutigen Gebiet Siebenbürgens vertrieben hätten. Überhaupt sei die aus römischen Siedlern bestehende oder latinisierte Bevölkerung mit der Aufgabe der Provinz durch Kaiser Aurelian ins heutige Bulgarien und Serbien evakuiert worden, und die Rumänen hätten erst später wieder die Donau nach Norden überquert. Man berief sich dabei auf solche romanischsprachige Minderheiten wie die Aromunen in Mazedonien und Griechenland. Nach dieser Version hätten sich die Rumänen – zu jener Zeit noch ein Hirtenvolk – erst Anfang des 13. Jahrhunderts in Transsilvanien niedergelassen. Zur Untermauerung dieses Standpunktes führen die ungarischen Historiker zum einen die Etymologie der transsilvanischen Ortsnamen ins Treffen, deren Herkunft ausschließlich aus dem Ungarischen und Slawischen sei. Zum anderen verwiesen sie darauf, dass in der Zeit zwischen dem Rückzug der Römer aus der Provinz Dakien 271 und dem 12. Jahrhundert die Rumänen keinerlei Erwähnung in den schriftlichen Quellen Transsilvaniens fänden. Das vorhandene zeitgenössische Quellenmaterial scheint die ungarischen Historiker diesbezüglich zu bestätigen.

In Rumänien wird von der Mehrzahl der Historiker schon seit Jahrhunderten die Theorie vertreten, wonach die Rumänen die Nachfahren der Daker seien, die sich nach ihrer Unterjochung durch den römischen Kaiser Traian 106 mit den Römern vermischt und deren Sprache übernommen hätten. Die rumänische Seite besteht darauf, dass keineswegs die gesamte romanisierte Bevölkerung der Provinz Dacia umgesiedelt worden sei, sondern nur die Verwaltungsbeamten und die Wohlhabenden. Das einfache Volk sei auf seinem angestammten Boden geblieben, in der Ebene wie im Gebirge. Sogar der Name der Karpaten, nach dem dakischen Teilstamm der Carpi, bezeuge ihre Präsenz. Die rumänische

Sprache habe sich gerade deshalb erhalten, weil die verschiedenen Reitervölker, die einander in diesem Raum ablösten, die Bauern für ihre Versorgung brauchten, aber das Land nicht administrierten.

Unabhängig von den wissenschaftlichen Debatten bleibt die Frage, worin heutzutage der Grund für die gegenseitige Abneigung von Ungarn und Rumänen liegt. Der Erste Weltkrieg endete für Ungarn mit einer nationalen Tragödie. Nachdem das Land an der Seite der Mittelmächte den Krieg verloren hatte, wurde es im Friedensvertrag von Trianon 1920 von den Siegermächten erbarmungslos zerstückelt. Ungarn verlor damals ein Drittel seiner Bevölkerung und zwei Drittel seines Territoriums an die Nachbarstaaten. Rumänien, das sich nach anfänglicher Neutralität 1916 auf die Seite der späteren Siegermächte geschlagen hatte, bekam bei der Zerstückelung Ungarns neben Siebenbürgen das Partium, den südlichen Teil von Maramureş, das Gebiet um Körös sowie das östliche Banat. In diesen Gebieten lebten zu jener Zeit mehr als 1,7 Millionen Ungarn.

Im Zweiten Weltkrieg konnte Ungarn seine lang gehegten Revisionspläne verwirklichen. Von Hitlers Gnaden riss Ungarn 1938 und 1940 den Großteil jener Gebiete, die es nach dem Ersten Weltkrieg verloren hatte, wieder an sich. Rumänien sah sich dabei gezwungen, Nordsiebenbürgen, die Gebiete um Maramureş und Nord-Körös abzutreten. Der nationale Freudentaumel der Magyaren über die *ungarische Wiedervereinigung* währte indes nur kurz. Die militärische Niederlage Deutschlands bedeutete auch für *Groß-Ungarn* ein jähes Ende: Die 1940 besetzten Territorien wurden erneut den Nachbarstaaten angeschlossen.

In der 1947 neu konstituierten Volksrepublik Rumänien genossen die Minderheiten anfangs weitreichende Rechte. 1952 wurde sogar eine Ungarische Autonome Provinz eingerichtet. Später sahen sich die Ungarn jedoch einer Unterdrückung ausgesetzt, die 1968 in der Abschaffung der ungarischen Autonomie gipfelte. Anfang der 80er Jahre des vorigen Jahrhunderts verließen nicht weniger als 50.000 Magyaren das Land Richtung Ungarn. Das Verhältnis beider Völker bleibt also weiterhin belastet.

WER SIND DIE UNGARN?

Barentssee
eer
Finnland
Norwegen
Russland
Schweden
Estland
inemark
Lettland
Ostsee
Litauen
Russland
Weißrussland
eutschland
Polen
Tschechien
Ukraine
Slowakei
Moldawien
htenstein
Österreich
Ungarn
Slowenien
Kroatien
Rumänien
Georgie
Bosnien
und
Herzegowina
Serbien
Schwarzes Meer
Italien
Adriatisches Meer
Montenegro
Kosovo
Bulgarien
Nord-
mazedonien
Albanien
yrrhenisches
Meer
Griechenland
Türkei
Mittelmeer
Ägäisches Meer
Syrien

Ein geheimnisvoller Schleier des Unbekannten hüllt die Ungarn ein. Sie besiedelten die Donau-Tiefebene schon um das Jahr 900, doch bis heute fühlen sie sich ein wenig fremd in Europa. Auf dem Papier mutet das Ungarische für die meisten Europäer unaussprechlich an, von der noch schwierigeren Verständlichkeit der gesprochenen Sprache ganz zu schweigen. Kein Wunder, denn außer einer Anzahl von Lehnwörtern hat das Ungarische mit den indoeuropäischen Wurzeln der meisten anderen europäischen Sprachen wenig zu tun. Ungarisch wird den finno-ugrischen Sprachen zugeordnet, die wiederum der uralischen Sprachfamilie angehören. In ihren Ausformungen werden die uralischen Sprachen weltweit von ungefähr 25 Millionen Menschen gesprochen, davon machen Finnen, Esten und Ungarn drei Viertel aus. Die Verwandtschaft zwischen diesen Sprachen lässt sich vielfach über die Sprachstruktur nachweisen, während der Wortschatz nicht so viele Ähnlichkeiten aufweist. Die Annahme, dass Finnen und Ungarn sich wegen ihrer ähnlichen Sprachen genetisch nahestehen müssten, hat sich als falsch erwiesen. Eine Studie des Finnischen Instituts für molekulare Medizin zeigte, dass die Finnen und Esten sogar mit den Niederländern im Westen und den Russen im Osten genetisch enger verwandt sind als mit den Ungarn. Sind also die Ungarn wirklich so anders? Wie wurde aus einem westsibirischen ugrischen Stamm ein mitteleuropäisches Volk?

UNGARN ODER MAGYAREN?

Die Selbstbezeichnung *magyar* taucht zuerst in arabischen Quellen des 9. und 10. Jahrhunderts auf und geht auf die altungarische Form *mogyeri* zurück. Das vordere Glied des Wortes stammt aus der ugrischen Zeit. Es stellt die Bezeichnung für eine Bruderschaft dar und tritt auch in der Selbstbezeichnung der Wogulen *Mansi* auf. Das hintere Glied *eri* bedeutet *Mensch*, *Mann*. Der Name bezeichnete anfangs nur einen von sieben halbnomadischen Stämmen, die im 9. und beginnenden 10. Jahrhundert räuberische Überfälle in Europa unternahmen. Bei diesen Stämmen handelte es sich um die Megyer (oder Magyar), Tarján, Jenő, Kér, Keszi, Kürt-Gyarmat und Nyék. Andere Quellen geben die Zahl der Stämme mit zehn oder elf an. Jeder Stamm hatte etwa 10.000 Kämpfer. Gegen Ende des 10. Jahrhunderts ist es den Magyaren gelungen, die übrigen Stämme unter ihrer Oberherrschaft zu vereinigen. Bevor sie die Karpaten überquerten, legten die Führer der Stämme angeblich einen Bluteid ab: Die Stammesfürsten ritzten ihre Arme auf, ließen ihr Blut in einen Kelch fließen und tranken jeder von diesem Kelch. Sie schworen, in der Zukunft immer zusammenzuhalten unter der Führung des stärksten Stammes, der Magyar. Die anderen Stämme übernahmen den Namen des führenden Stammes, der bis heute erhalten blieb.

Unter dem Befehl Árpáds und seiner Nachfolger wurde Ungarn im 10. Jahrhundert eine der stärksten militärischen Mächte Europas. Frühmittelalterliche Quellen nannten die Magyaren jedoch *Ungarn* bzw. *Ungri*, was sich von den Onoguren ableitet. Das war ein am Schwarzen Meer lebendes Reitervolk, wahrscheinlich ein Turkvolk. Mitte des sechsten Jahrhunderts wurden die Onoguren als Untertanen der Kök-Türken im Wolga-Raum erwähnt. Möglicherweise war es keine ethnische, sondern eine organisatorische Bezeichnung, denn in Turksprachen setzt sich das Wort aus den Begriffen *on* (*zehn*) und *ogur* (*Stamm*) zusammen, bezeichnet also das Volk der *zehn Stämme*. Nachdem die Macht der Kök-Türken schwand, gewannen die Awaren die Oberherrschaft über die Onoguren. Anschließend gebot der bulgarische Herrscher Kubrat wohl ebenfalls über sie. Ihre spätere Geschichte kann nicht mehr genau rekonstruiert werden. Zumindest größere Teile haben wohl noch längere Zeit zusammen mit den Bulgaren agiert.

Dass die Ungarn nach den Onoguren genannt wurden, ist darauf zurückzuführen, dass ihre Vorfahren im 5. und 6. Jahrhundert in enger Verbindung mit ihnen lebten. Sie gehörten wahrscheinlich sogar zum Stammesbündnis der Onoguren. Das *H* im lateinischen *hungarus* entstand dadurch, dass der Name irrtümlicherweise mit den Hunnen gleichgesetzt wurde.

WIE KAMEN DIE UNGARN NACH EUROPA?

Eine alte ungarische Sage beschreibt das Ankommen der Ungarn in Europa. Danach gab es vor langer Zeit in den asiatischen Steppen ein mächtiges Königreich. Dessen Herrscher Ménrot hatte zwei Söhne: Hunor und Magor, beide leidenschaftliche Jäger. Einmal, als die Brüder ausritten, erblickten sie einen weißen Hirsch mit mächtigem Geweih. Ihre Herzen schlugen hoch, und sie wollten ihn unbedingt erbeuten. Sie jagten ihn sieben Tage und sieben Nächte hindurch, doch auf einmal war der wundersame Hirsch verschwunden. Ratlos schauten sie sich um. Von ihrer Heimat waren sie schon sehr weit entfernt, aber das Land, das vor ihren Augen lag, war wunderschön. Wohin sie schauten, sahen sie grüne Wiesen und Wälder, reich an Tieren, und Flüsse voll mit Fischen. „Warum können wir nicht für immer hierbleiben?“, fragten sie einander und entschlossen sich, das Land unter sich aufzuteilen. Sie nahmen sich benachbarte Königstöchter zu Frauen und gründeten ihre Reiche. Von Hunor stammte das Volk der Hunnen. Die Nachfahren von Magor wurden die Magyaren bzw. Ungarn.

Was geschah aber tatsächlich? Gut vorbereitet und diszipliniert marschierten die Ungarn im Jahre 895 in das Karpatenbecken ein, wo sie später ihren eigenen Staat gründeten und den christlichen Glauben übernahmen. Die Vertreter der Theorie von der *zweifachen Landnahme* behaupten, dass ein Teil der Ungarn sich schon um 670 dort niedergelassen hatte. Dies würde die Tatsache erklären, dass die Landnahme 895 ohne größere Kämpfe vonstattenging. Das Land war ihnen nicht unbekannt, schon zwischen 862 und 894 führten sie Feldzüge durch das Karpatenbecken. All die Ängste, die die Ungarn damals hervorriefen, fasst der Historiker Herwig Wolfram so zusammen: „Sie waren hervorragende Pfeilschützen und handhabten mit großer Kunst ihre Hornbogen: kahl geschoren, saßen sie auf ihren Pferden; ihre Weiber waren wild wie sie selbst. Wer zu ihnen gehören wollte, musste ihre Haartracht annehmen, was sich auch einige Mährer einreden ließen. Die Ungarn heulten wie die Wölfe und verwendeten Wolf oder Hund als Totem, über dem sie Eide schworen. Sie waren die wiederauferstandenen Awaren oder Hunnen.“

WO KAMEN DIE UNGARN HER?

Bedingt durch die Einzigartigkeit der ungarischen Sprache in Mitteleuropa ranken sich um die Herkunft der Ungarn von alters her Vorstellungen, die häufig mehr von Phantasie als von wissenschaftlichen Tatsachen geprägt sind. Das Spektrum reicht von deren Gleichsetzung mit den Hunnen über die Annahme einer Verwandtschaft mit türkischen und altaischen Völkern sowie mit den Sumerern bis hin zu einer Verwandtschaft mit der indianischen Urbevölkerung in Nord- und Südamerika.

Im Hinblick auf ihre Abstammung gibt es keine eindeutige Antwort. Sie haben einen komplizierten Prozess durchgemacht, in dem es immer wieder zur Aufnahme fremder Völker kam. Was die Frage nach der Urheimat betrifft, sind sich die meisten Forscher einig, dass diese sich im nördlichen Teil Westsibiriens, zwischen dem Uralgebirge und dem Unterlauf des Ob befindet. Die Vorfahren der Ungarn ließen sich in der Nähe der Wogulen (Mansi) und Ostjaken (Chanti) nieder. Gemeinsam bildeten sie den ugrischen Zweig. In der Mitte des 3. Jahrtausends v. Chr. lösten sich die Ugrier von der finnisch-permischen Gruppe (Finnen, Esten, Syrjänen [Komi], Wotjaken [Udmurten], Tscheremissen [Mari], Mordwinen und anderen). Die Sprachgruppe spaltete sich somit in ihre beiden Hauptzweige. Die finnischen Völker wanderten nach Nordwesten ab. Die Ugrier lebten zunächst weiterhin östlich des Ural.

Zwischen 1000 und 500 v. Chr. erfolgte der Zerfall der ugrischen Einheit. Man nimmt an, dass dafür klimatische Gründe maßgebend waren: Ein wärmeres Klima führte zur Austrocknung der Waldsteppe. Ein Teil der Ugrier wich nach Norden aus. Die anderen passten sich der Trockenheit an, gaben den Ackerbau auf und wurde zu nomadischen Viehzüchtern. Die Weidegebiete lagen östlich des Südural, am Oberlauf des Tobol. Hier hatten sie intensive Kontakte mit den iranischsprachigen Skythen und Sarmaten, was sich im Wortschatz des Ungarischen widerspiegelt. In dieser Periode wurden Lehnworte wie *tej* (*Milch*), *fizet* (*zahlen*) und *tíz* (*zehn*) aus dem Iranischen übernommen. Es ist nicht eindeutig, wann und warum die Ungarn in das westlich gelegene Gebiet des heutigen Baschkirien gezogen sind, das in mittelalterlichen Quellen *Magna Hungaria* genannt wird. Der Dominikanermönch Julianus machte sich auf die Suche nach ihnen und fand sie 1236 in der Nähe der Wolga. Des Weiteren gibt es in der ungarischen Sprache einige Elemente aus dem permischen Zweig der finno-ugrischen Sprachfamilie, deren Sprecher in Nachbarschaft Baschkiriens siedelten.

Die nächste, in der ersten Hälfte des 8. Jahrhunderts erfolgte Etappe auf dem Zug in das Karpatenbecken bildete das Gebiet *Levedien*, das diesen Namen nach einem ihrer Stammesfürsten erhielt. Die genaue Lage des zwischen Don und Asowschen Meer befindlichen Siedlungsgebiets ist unbekannt. Man weiß jedoch, dass die Ungarn in enger Symbiose mit dem Khanat der Chasaren lebten, einem Verband von turksprachigen Völkern, dessen Oberhoheit die Ungarn anerkannten und dessen Territorium die südrussische Steppe nördlich des Kaukasus umfasste. Das Leben hier scheint durch Verschmelzungsprozesse zwischen Sesshaften und Nomaden geprägt gewesen zu sein. Die Sesshaften waren vor allem iranischsprachige Alanen aus dem Kaukasus, die von Arabern an den Don verdrängt wurden. Unter ihrem Einfluss gingen die Ungarn teilweise zur sesshaften Lebensweise über, auch wenn die Viehhaltung nach wie vor eine überragende Rolle spielte.

Um 820 brach im Chasarenreich ein Bürgerkrieg aus, den der Khagan für sich entschied. Die aufständischen Chasarenstämme fanden im Siedlungsgebiet der Ungarn Zuflucht, aber dies hatte deren Abwanderung nach Westen zur Folge. Sie ließen sich an Dnjepr, Dnjestr und Bug, in der Landschaft *Etelköz* (*Land zwischen den Flüssen*) nieder. Dort kam es zu intensiveren Kontakten der Ungarn mit Ostslawen, von denen sie für die Chasaren Steuern eintrieben. Mit den slawischen Stämmen lebten sie im Kriegszustand, und Gefangene wurden in Schwarzmeerhäfen an byzantinische Händler verkauft.

DAS ENDE DER LANGEN REISE

Die Umsiedlung der Ungarn in das Karpatenbecken war eine Art Flucht. Anstoß dafür war ein bulgarisch-byzantinischer Krieg. Die Ungarn zogen als Verbündete des Byzantinischen Reiches ins Feld und verzeichneten anfangs rasche Kriegserfolge. Doch schlossen die in die Ecke getriebenen

Bulgaren schon bald mit dem byzantinischen Kaiser Frieden und verbündeten sich mit den Petschenegen, den östlichen Nachbarn der Ungarn, einem Turkvolk. Und dann griffen die Bulgaren die Kriegstruppen der Ungarn an, und die Petschenegen bestürmten ihre schutzlos gebliebenen Wohnorte. Mit dieser Veränderung der Kräfteverhältnisse verließ Ungarn das Kriegsglück. Sie mussten von beiden Seiten schwere Niederlagen hinnehmen und irgendwann zwischen 894 und 896 rückten sie dann hinter den natürlichen Schutzwall der Karpaten. Diese Gegend war leicht zu erobern, da sie sich im Randbereich dreier großer, sich einander bekämpfender und dadurch auch geschwächter Reiche (Bulgarisches Reich, Ostfränkisches Reich, Mährisches Reich) befand, die nicht in der Lage waren, eine wirkliche Herrschaft über das gesamte Gebiet auszuüben. Zudem war es nur schwach besiedelt.

Während der ersten Jahre nach der Landnahme kam es zur Besiedlung des östlichen Teils des Karpatenbeckens bis an die Donau. 899 beteiligten sich Ungarn an einem Kriegszug gegen den italienischen König Berengar auf Seiten des ostfränkischen Königs Arnulf. Im nächsten Jahr besetzten die ungarischen Krieger auf ihrem Rückzug das bislang unter fränkischer Herrschaft stehende Pannonien. 906 zerstörten die Ungarn das Mährische Reich. Nach dem Sieg 907 bei Bratislava über die fränkischen Truppen, die Pannonien zurückerobern wollten, haben die Ungarn in ihrer neuen Heimat endgültig Fuß gefasst.

Immer wieder wird über die Anzahl der Ungarn, die über die Karpatenpässe kamen, diskutiert. Die ungarische Geschichtsschreibung spricht von 400.000 Menschen, während sie die Vorbevölkerung auf 200.000 bis eine halbe Million schätzt. Es geht dabei auch um die Frage, wie sehr die spätere Nation von den landnehmenden Ungarn abstammt oder ob diese, wie die deutsche Geschichtsschreibung immer wieder betont, ein Verschmelzungsprodukt mit der zahlenmäßig überlegenen ansässigen Bevölkerung war. Jüngste genetische Untersuchungen haben letztere Hypothese bestätigt. Laut einer Veröffentlichung des *European Journal of Human Genetics* aus dem Jahr 2008 wurde die Y-DNA-Haplogruppe R1a1a-M17 unter 57 % der modernen ungarischen männlichen Proben gefunden, die sie genetisch mit ihren westslawischen Nachbarn, also den Tschechen, Polen und Slowaken, verbindet. Eine neuere Untersuchung von 2017 ergab immerhin eine Häufigkeit von 26 % dieser Haplogruppe. Das ist ein großer Unterschied zur Genetik der mittelalterlichen Ungarn. Bei zwei von vier männlichen Skeletten aus dem 10. Jahrhundert dominierte nämlich noch die Haplogruppe N, was ihren Ursprung aus dem Ural bestätigt. Bei den heutigen Ungarn kommt diese Haplogruppe nur noch mit einer Häufigkeit von 3,2 % vor (Magyar Y-DNA-Projekt in *Family Tree*). Der Kerngenpool der Ungarn stammt also aus Zentralasien bzw. Südsibirien und vermischte sich, als sie nach Westen wanderten, mit weiteren Schichten von Menschen europäischer Herkunft. Anthropologisch wies der Typus der Ungarn der Eroberungsphase noch Ähnlichkeiten mit Zentralasiaten auf; es gab den Typus des *Turaniden* (Südsibirien) und *Uraliden* (aus der eurasischen Beimischung). Insgesamt steht fest, dass der Beitrag der Eroberer zum ungarischen Genpool relativ gering ist.

Abgesehen davon ist eine Zahl von 400.000 Menschen auf Wanderschaft unrealistisch, die Zahl der einwandernden Ungarn wird zwischen 10.000 und 100.000 Menschen betragen haben. Dies tut jedoch deren gewaltiger kriegerischer Leistung keinen Abbruch. Was war ihr Geheimnis, das ihnen die Überlegenheit im Kampf sicherte? Einerseits ihre leichte Ausrüstung, andererseits ihre Kampfstrategie, in der sie sich, wie früher schon die Hunnen, inmitten der Schlacht plötzlich umdrehten und eine Flucht vortäuschten. Als die Gegner dann die Fliehenden verfolgten und dabei ihre geschlossenen Reihen auflösten, drehten sich die Reiter in sicherer Entfernung im Sattel um und schossen ihre Pfeile auf die Verfolger ab. Ihre Bogen schossen dreimal so weit wie die damals in Europa gebräuchlichen Bogen und konnten sogar die Panzer der Ritter durchschlagen. Diese Taktik wurde durch die Nutzung der Steigbügel erleichtert, auf denen die Reiter sich stehend umdrehen und ihre Pfeile abschießen konnten.

Im Jahre 955 wurden die Ungarn dann aber vom deutschen Kaiser Otto I. auf dem Lechfeld vernichtend geschlagen. Die Zeiten der Abenteuer schienen zu Ende. Die Ungarn mussten sesshaft werden, denn es drohte ihnen dasselbe Schicksal wie vielen anderen Nomaden: das Verschwinden in den Stürmen der Geschichte. Árpáds Urenkel, der Großfürst Géza ließ sich und seinen Sohn Stephan, den künftigen König Ungarns, im Jahre 985 taufen. Die Eheschließung Stephans mit der bayerischen Herzogstochter Gisela geriet zu einem Politikum. Sowohl der

Kaiser des Heiligen Römischen Reiches als auch der Papst unterstützten die Vermählung, denn der Kaiser wollte Ungarn seinem weltlichen, der Papst seinem religiösen Machtbereich einverleiben. Und beiden war bewusst, dass östlich von Ungarn die orthodoxen Byzantiner herrschten, denen sie dieses Gebiet nicht überlassen wollten.

Die eigentliche Gefahr kam dann aber von einer anderen Seite: Zwischen 1241 und 1242 verwüsteten die Mongolen Ungarn. In dieser Zeit kamen auch turksprachige Kumanen und nach ihnen iranischsprachige Jassen in die zur Viehhaltung geeigneten Landstriche Ungarns. Ihr Erscheinen führte zu einem Wiederaufleben heidnischer Traditionen, zumal auch einige Könige, zum Beispiel Ladislaus IV. der Kumane, den Bräuchen der Ahnen huldigten. Im Verlauf der folgenden Jahrhunderte fügten sich jedoch auch sie in die allgemeine Entwicklung ein und assimilierten sich. Lediglich einige ihrer Wörter wurden in die ungarische Sprache übernommen, so zum Beispiel *buzogány* (*Streitkolben*), *csődör* (*Hengst*), *kobak* (*Schädel*), *balta* (*Beil*) und *csákány* (*Spitzhacke*).

Im 16. Jahrhundert bedrohte die türkische Expansion das Land. 1526 fügten die Türken den Ungarn in der Schlacht bei Mohács eine vernichtende Niederlage zu. Damit setzte die Dreiteilung des Landes bis zum Ende des 17. Jahrhunderts ein: Mittel- und Südungarn wurde von Türken besetzt, Nord- und Ostungarn fiel den Habsburgern zu, während in Siebenbürgen ein von Türken mehr oder weniger anerkanntes selbstständiges Fürstentum entstand. Diese Zeit war jedoch keineswegs nur eine Epoche militärischer Auseinandersetzungen, denn im Mit- und Gegeneinander von Ungarn und Osmanen bildeten sich Eigenarten der ungarischer Identität heraus, die bis heute nachwirken.

WER SIND DIE TÜRKEN?

Barentssee
eer
Finnland
Russland
Norwegen
Schweden
Estland
Lettland
inemark
Ostsee
Litauen
Russland
Weißrussland
Polen
eutschland
Tschechien
Ukraine
Slowakei
Moldawien
ntenstein
Österreich
Ungarn
Slowenien
Kroatien
Rumänien
Georgie
Bosnien
und
Herzegowina
Serbien
Schwarzes Meer
Italien
Adriatisches Meer
Montenegro
Kosovo
Bulgarien
Nord-
mazedonien
Albanien
Türkei
yrrhenisches
Meer
Griechenland
Mittelmeer
Ägäisches Meer
Syrien

„Im Galopp aus dem fernen Asien kommend und sich wie ein Stutenkopf ins Mittelmeer vorstreckend, das ist das Land – unser Land“, so beschrieb der türkische Dichter Nazim Hikmet die Türkei. Schon immer bewegten sich die Türken gen Westen. Die ersten Aufzeichnungen über die Turkvölker stammen aus dem 6. Jahrhundert und weisen ihnen als Urheimat ein karges, wüstenähnliches Steppenland zu – irgendwo zwischen dem Altai und dem Ural. Über mehrere Jahrhunderte hinweg ging es von dort aus immer weiter nach Westen. Es wurde um Land gekämpft und geraubt, was das Zeug hielt. Gute Krieger waren wichtig für das Überleben des Volkes. Einige Sozialwissenschaftler behaupten, deshalb sei bis heute die türkische Gesellschaft so militaristisch geprägt. Der Stamm der Seldschuken eroberte Bagdad und drang vor bis nach Ostanatolien, und die Osmanen schafften es über die Eroberung Konstantinopels fast bis nach Wien.

HERKUNFT DES NAMENS

Auf internationalem Parkett hat die Türkei ihre Probleme mit der Landesbezeichnung, denn der englischer Name lautet *Turkey* und hat noch eine andere Bedeutung: Es bezeichnet den Truthahn. Diese Namensgleichheit war für den türkischen Präsidenten Erdoğan ein Ärgernis. Auch der türkische Staatssender TRT wies mehrmals darauf hin, dass eine Internet-Suche für den Begriff *Turkey* deutlich öfter Truthahn-Bilder als malerische Türkei-Ansichten zeige. Damit sollte Schluss gemacht werden, auf dem Parkett der internationalen Diplomatie will die Türkei künftig mit *Turkiye* angesprochen werden, dem eigenen Namen in der Landessprache. Erdoğan forderte internationale Organisationen auf, die Anrede anzupassen. Er ließ auch das Etikett für Exportprodukte ändern in *Made in Turkiye*. Diese Bezeichnung *Turkiye*, betonte er, drücke Kultur, Zivilisation und Werte der Türken aus.

Die Bezeichnung *Türke* leitet sich vom Namen einer nomadisch lebenden Stammesföderation des 6. Jahrhunderts ab, die von den Han-Chinesen als 突厥 (*Tūjué*) bezeichnet wurde, ältere Transkriptionen lauten *T‘u-chüeh*, *Tu-küe* oder *Tür-küt*. Die genaue Bedeutung von *Türk* ist nicht geklärt. Doch wurde das Wort in späteren Turksprachen mit *mächtig* und *stark* übersetzt. In der westlichen Forschungsliteratur wurde eine Herkunft aus dem alttürkischen Verb *türe* für *sprießen*, *aufkommen*, *entspringen* favorisiert. Laut dem Forscher Wassili Barthold hingegen kommt die Bezeichnung ursprünglich vom Wort *töre* für *Brauch*, *Sitte*, *Ethos*. Andere vermuten für das Wort *Türk* sogar einen tibetischen Ursprung. Im Tibetischen gibt es nämlich das Wort *duruk* (*Ursprung*) oder *dürgü* (*wir*). Der Terminus *Türke* wurde offiziell zum erste Mal im Zusammenhang mit dem Staat der Köktürken verwendet. Das alttürkische Wort *kök*, im modernen Türkisch wegen der Lautverschiebung *gök* geschrieben, bedeutet *Blau* oder *Himmel* und wurde gemäß der Farborientierung im Sinne von *Türken des Ostens* verstanden. Mitunter wird *kök* auch mit *Wurzel* übersetzt.

Interessant ist, dass die Bezeichnung *Turchia* im Mittelalter aus dem Arabischen nach Italien gelangt war. Ethnische Fremdbezeichnungen dienten damals als grobe Orientierungen. Noch im 18. Jahrhundert nannten die Wiener die griechischen, walachischen, armenischen, slawischen und jüdischen Händler aus dem Osmanischen Reich *Türken*. Und das ist nicht verwunderlich, denn diese Händler kleideten sich unter Umgehung der osmanischen Kleiderordnungen im Ausland noch orientalischer als die Orientalen.

Auf dem Balkan wiederum hatte das Ethnonym *Türke* eine andere Bedeutung. Es war die Bezeichnung der Christen für alle Muslime, vor allem für die Bosnier und Albaner, denn ethnische Türken waren die gesamte osmanische Herrschaft hindurch nur eine kleine Minderheit in Südosteuropa. Diese sogenannten *Turci* hatten die Religion der Türken angenommen, wobei damit die Osmanen gemeint waren, und sind somit gleichgesetzt worden. Im Kernland des Osmanischen Reichs aber blieb der Begriff *Türke* nur den Bauern sowie Handwerkern vorbehalten und hatte einen abwertenden Beigeschmack. Kein Mitglied der osmanischen Oberschicht, nicht einmal ein aufgestiegener Verwaltungsbeamter aus dem Volk hätte sich selbst je als *Türke* bezeichnet.

WER SIND DIE TÜRKEN?

Zuallererst muss man zwischen Turkvölkern und Türken unterscheiden. Turkvölker sind eine Gruppe von etwa vierzig sprachverwandten Völkern (180 bis 200 Millionen Menschen), die sich in verschiedenen Schüben besonders im Verlauf der Eroberungszüge der Mongolen über weite Teile Asiens und Osteuropas ausbreiteten. Da gibt es die sibirischen Turkvölker (unter anderem die Altaier, Chakassen, Jakuten, Tuwiner); die zentralasiatischen Turkvölker (Turkmenen, Kasachen, Usbeken, Kirgisen, Uiguren, Karakalpaken u.a.); die Wolga-Ural-Turkvölker (Tataren, Baschkiren, Tschuwaschen u.a.); die Schwarzmeer-Turkvölker (Nogaier, Krimtataren u. a.) und die vorderasiatischen Turkvölker (Aserbaidschaner und Türken). Eigene Staaten haben heutzutage neben der Türkei nur Aserbaidschan, Turkmenistan, Usbekistan, Kirgistan und Kasachstan.

Nach der Gründung des italienischen Staates hatte der Dichter und Politiker Massimo d'Azeglio verkündet: „Wir haben Italien geschaffen, nun gilt es, Italiener zu schaffen." So ähnlich erging es auch der Türkei. Bis heute sind dort nur die Armenier, Griechen und Juden als nationale Minderheiten anerkannt. Alle anderen Staatsangehörigen gelten als Türken. Zurück geht das auf den Vertrag von Lausanne, der 1923 die Republik Türkei als Staat anerkannte. Vorausgegangen waren der Erste Weltkrieg und der Niedergang des Osmanischen Reiches, das zur Unterscheidung von Minderheiten nur die Religion kannte. Dementsprechend unterschied auch der Vertrag von Lausanne nur zwischen Muslimen und Nichtmuslimen. General Mustafa Kemal, der den ehrenvollen Titel *Atatürk* (*Vater der Türken*) erhielt, postulierte das Ideal einer einzigen Nation. Dabei wollte man dem französischen Modell des *Citoyen* folgen, indem man auf eine Bestimmung des Staatsbürgers nach rassischen und sprachlichen Gesichtspunkten verzichtete. Im Mittelpunkt stand die Konzentration auf einen ethnischen Gesichtspunkt, nämlich den türkischen. Im Osmanischen Reich gehörten Lasen, Bosnier, Kurden, Türken oder Tscherkessen zur muslimischen Nation. Nun aber fanden sich 47 Völker als Türken vereint. Auch Schwarzafrikaner, Nachfahren von Sklaven, gelten somit als Türken, genauer gesagt, Afrotürken. Nach neun Jahren Sklaverei freigelassen, hatten sich viele bereits vor 1923 in ägäischen Dörfern niedergelassen. Nach Auffassung der Regierung symbolisiert der Begriff *Türke* die Gleichberechtigung aller Bürger, ohne Rücksicht auf ihre ethnische Zugehörigkeit.

DIE URHEIMAT DER TÜRKEN

Nach dem Historiker Josef Matuz reichte die Urheimat der Turkvölker im Norden über den Baikalsee hinaus bis in das heutige Sibirien hinein. Im Westen war sie vom Altai und vom Sajangebirge, im Osten von den Bergen des Tian Shan und im Süden vom Altun-Gebirge im heutigen Xinjiang umgrenzt. Je nachdem, welche Vorfahren herangezogen werden, unterscheidet sich die Datierung der Geschichte von Turkvölkern. Einige Forscher glauben, dass die Hunnen zu ihren direkten Vorfahren zählen. Das lassen einige der in anderen Sprachen überlieferten Eigennamen vermuten. Andere Forscher weisen auf die Schwierigkeit mit der Zuordnung der Hunnen zu den Turkvölkern hin. So schreibt Matuz: „Hypothesen, wonach die europäischen oder die asiatischen Hunnen, Letztere in den chinesischen Annalen unter der Bezeichnung Xiongnu erwähnt, Türken gewesen seien, lassen sich mangels Überlieferung nicht nachweisen. Das Gleiche gilt für die Juan-Juan, die asiatischen und auch für die europäischen Awaren." Der Turkologe Michael Weiers geht davon aus, dass auf dem Territorium des heutigen Nordchinas im 3. Jahrhundert verschiedene Stämme auftauchten, die man als *Urtürken* bezeichnen kann. Um diesen Kern gruppierten sich weitere Stammesverbände: die Xiongnu oder Hu (sogenannte östliche Hunnen), die Tab'a, die hunnischen Xia sowie die protomongolischen Rouran.

Der chinesische Kaiser Shi Huang Di ließ angesichts der Bedrohungen die Große Mauer bauen, um den Mächtigsten unter diesen Völkern, den Xiongnu, den Weg in die fruchtbaren Gebiete in China zu versperren, was für eine Zeit lang auch gelang (später umgingen die Mongolen die Mauer). Das erste Staatsgebilde gab es im Jahr 552 und reichte vom Chingan-Gebirge bis nach Transoxanien, zerfiel jedoch nach kurzer Zeit in einen westlichen und einen östlichen Teil. Das Ostreich sank ab 580 zu einer chinesischen Provinz herab, das Westreich konnte sich dagegen etwas länger halten. Die Westtürken, die sich als *On-Ok* (*Volk der zehn Stämme*) bezeichneten, zogen sogar mehrmals gegen die persischen Sassaniden in den Krieg und gelangten bis nach Herat. 659 wurde aber auch das Westreich in den chinesischen Staat eingegliedert.

Es folgten Aufstände, und 683 vereinte Kutlug, der Anführer des Aschina-Clans, verschiedene Stämme unter seiner Führung. So wurde er zum neuen Herrscher der Türken und gründete das kurzlebige zweite Türk-Kaganat. Bereits um 744 sagten sich die Uiguren vom Großreich los und gründeten ihren eigenen Staat, das Uigurische Khaganat. Um 840 erhoben sich dann die Kirgisen gegen die Oberherrschaft der Uiguren. Geschlagen von den Kirgisen wanderten die Uiguren in den Süden und Südwesten ab.

SPRACHE

Türkisch gehört zur Familie der ural-altaischen Sprachen. Zu den altaischen Sprachen gehören die türkischen, mongolischen und tungusischen Sprachen. Neuerdings rechnen manche Sprachwissenschaftler Koreanisch und Japanisch mit dazu. Zu den uralischen Sprachen werden die finno-ugrischen Sprachen und die samojedischen Sprachen gezählt. Es gibt zwar Belege, wonach die Ähnlichkeiten dieser Sprachgruppen in der Grammatik oder beim Wortschatz auf Entlehnungen zurückzuführen sind, die überwiegende Evidenz spricht aber für einen gemeinsamen Ursprung dieser Sprachen. Dazu zählen beispielsweise viele Gemeinsamkeiten im Grundwortschatz. Wenn es sich aber um eine Sprachfamilie handelt, muss es in der Vergangenheit eine gemeinsame Ursprache gegeben haben. Viele Sprachforscher gehen davon aus, dass nomadische Viehhirten aus der östlichen Steppe des Altai-Gebirges diese Ursprache vor 3.000 bis 4.000 Jahren sprachen.

Es gibt jedoch auch eine These, wonach die Wurzeln der Sprachfamilie deutlich weiter zurückreichen. Danach wurde die Ursprache nämlich schon von Hirsebauern vor 9.000 Jahren in der Gegend des westlichen Liao-Flusses im Gebiet des heutigen Chinas gesprochen. Später in der Bronzezeit entstanden weitere Unterformen. Der Vorläufer der mongolischen Sprache breitete sich dann in Richtung Norden in die Mongolei aus, die Vorläufer des Proto-Türkischen westwärts, und die restlichen Zweige ostwärts, in Richtung Japan und Korea.

Geschrieben wurde die alttürkische Sprache mit Runen. Die ältesten dieser Schriftzeugnisse datiert man auf das 7. Jahrhundert. Die in Stein gehauenen Runen fand man auf Steinstelen am Fluss Orchon, der durch die Mongolei fließt. Die moderne türkische Sprache entwickelte sich dann in drei Stufen. Ihren Ursprung hat sie in der Sprache der Oghusen. Dieser Stamm wanderte aus dem Gebiet der heutigen Mongolei ab und siedelte sich ab dem 8. Jahrhundert in Transoxanien an. Aus dieser Zeit stammen viele persische Wörter im Türkischen.

Im 10. Jahrhundert trat Seldschuk, einer der Fürsten, mit seinem Stamm zum Islam über. Später lösten sich die zu Seldschuk gehörenden Nomaden aus dem Stammesverband der Oghusen und wanderten weiter. Seit der Annahme des Islam wurde Türkisch in arabischen Schriftzeichen niedergeschrieben, und viele arabische Lehnwörter fanden Eingang ins Türkische. Daraus ging dann das Osmanische hervor, aus dem sich im 20. Jahrhundert die moderne türkische Sprache entwickelte.

1928 erließ Präsident Atatürk eine Reform zur Erneuerung der Sprache, die von nun an in lateinischer Schrift geschrieben werden sollte. Um alle Laute wiedergeben zu können, musste die Schrift jedoch um mehrere Buchstaben erweitert werden. Als Grundlage dafür diente das Buch über das jakutische Alphabet von Semjon Novgorodov, das man unter den privaten Gegenständen von Atatürk im Militärmuseum in Istanbul betrachten kann. Daneben reformierte man auch den Wortschatz. Eine Kommission wurde eingesetzt, deren Aufgabe es war, persische und arabische Lehnwörter im Vokabular zu suchen und durch türkische Neuschöpfungen zu ersetzen. Die Verwendung des Arabischen wurde sogar unter Strafe gestellt. Journalisten, Lehrer und Beamte bekamen drei Monate Zeit, um die lateinische Schrift zu lernen. Wer die Prüfung nicht bestand, wurde entlassen.

Die neue Schrift legte allerdings auch den Zündstoff für immer noch anhaltenden Konflikte mit den Kurden, denn im Alphabet fehlen die Buchstaben Q, W und X, die aber im Kurdischen durchaus vorkommen. Es ist also nicht möglich, einen Namen zu verwenden, der einen dieser Buchstaben enthält.

GENETIK UND ETHNOGENESE

Die Türken sind ein Mischvolk, das nicht nur physisch, sondern auch genetisch weitaus mehr mit den sie umgebenden Völkern gemein hat als mit seinen sprachlichen Stammvätern. Zu 94 % gehören sie zu den in Europa und dem Nahen Osten verbreiteten Haplogruppen E3b, G, J, I, L, N, K2, R1. Die zentralasiatischen Anteile der Haplogruppen C, Q und O machen mit 3 % nur wenig mehr aus als indische (1,5 %) und afrikanische (1 %). Daraus lässt sich allerdings nicht schließen, dass die heutigen Türken zu 96 % turkisierte Anatolier unterschiedlicher Herkunft sind. Denn hierbei schwingen oft falsche Vorstellungen mit. Zunächst einmal die Verwechslung von *Sprachgruppe* mit *ethnischer Gruppe* und die Vorstellung von Eroberern, die eine schwächere Zivilisationen einfach hinwegfegen.

Die Migration aus Zentralasien war kein Völkersturm, sondern ein langsames Einsickern. Die Türkisierung Kleinasiens war eine Jahrhunderte währende, zumeist friedliche Akkulturation. Als erste Nomadenverbände im frühen Mittelalter in Kleinasien eindrangen, absorbierten sie in sich diverse nicht-türkische Bevölkerungsgruppen, vor allem iranischsprachige und kaukasische. Der Turkstamm der Oghusen zog im Lauf mehrerer Jahrzehnte durch Persien, eroberte das Abbasiden-Kalifat und setzte sich seit dem 11. Jahrhundert auch in Kleinasien fest. Dort vermischten sie sich im Laufe der Zeit mit der kleinasiatischen Bevölkerung und es entstand ein neues Volk mit türkischem Idiom, wie wir es heute kennen. Auch zwischen dem 11. und 13. Jahrhundert rückten ständig neue Scharen von Hirten und Kriegern aus dem Osten nach. Gemessen an der altansässigen Bevölkerung wird das aber nur einen kleinen Teil ausgemacht haben.

Wie setzte sich die autochthone Bevölkerung zusammen? Sie wurde seit dem 2. Jahrtausend v. Chr. von indoeuropäischen Hethitern (sowie Luwiern, Palaern und anderen) überschichtet, später dann von Phrygern und Lydern, während die Perser seit dem 6. Jahrhundert v. Chr. lediglich eine Oberhoheit ausübten. Während der Blütezeit der griechischen Polis setzten sich Griechen an der kleinasiatischen Westküste fest, auf sie folgten dann die Römer. Armenier und Kurden kamen im Osten hinzu sowie andere Völker, die ebenfalls ihre Spuren in der Genetik der heutigen

Türken hinterließen. Während der Römerzeit überwog im oströmischen Reichsteil, besonders in Kleinasien, die griechische Kultur, was sich zur Zeit des Byzantinischen Reichs noch verstärkte. Dieses ethnische Völkergemisch trafen die nomadisierenden Turkstämme an.

Die verheerende Niederlage der byzantinischen Armee bei Manzikert 1071 spielte eine wichtige Rolle beim Untergang der byzantinischen Herrschaft in Anatolien. Im Anschluss an den Sieg der Seldschuken erfolgte eine zunehmende Besiedelung der eroberten Gebiete. Anschließend entstand in Kleinasien der Staat der Rum-Seldschuken. Früher hatte man im Islam mit *Rumi* die Rhomäer (Byzantiner) bezeichnet. Inzwischen war der Name aber auf die Seldschuken übergegangen. Im 13. Jahrhundert setzten die aus dem Osten hereinbrechenden Mongolen der Macht der Seldschuken ein Ende. Mit ihnen schwappte eine weitere Einwanderungswelle der Turkvölker gen Westen. Sie kamen teilweise als Flüchtlinge, die vor den Reiterhorden der Großkhane flohen, zum Teil zogen sie selbst in den Mongolenheeren mit.

Einer der nomadischen Stämme siedelte im Gebiet um das heutige Eskisehir. Ihr Anführer nannte sich Ertuğrul und hinterließ einen Sohn namens Osman. Er war einer von den Stammesführern, die auf dem Gebiet des zusammenbrechenden Seldschuken-Reiches ihre Kleinfürstentümer errichteten, und er war der erfolgreichste von allen. Sein Herrschaftsgebiet bildete die Keimzelle des späteren Osmanischen Reiches. Die geografische Lage seines Fürstentums ermöglichte ihm, die Schwäche des Byzantinischen Reiches auszunutzen und reiche Beute bei Überfällen zu machen. Dieser Umstand führte dazu, dass viele Nomadenkrieger sowie viele vor Mongolen flüchtende Araber und Perser in seine Dienste traten.

Bald begannen die islamischen Führer damit, die byzantinische Ländereien erfolgreich zu erobern. Bis zum Zeitpunkt der Eroberung Konstantinopels 1453 assimilierten sie die byzantinische Bevölkerung und setzten ihre eigene Sprache und die islamische Religion durch, abgesehen von der griechischen Besiedlung des ägäischen Küstensaums an der kleinasiatischen Westküste und den Griechen an der Schwarzmeerküste. Diese behielten ihre Identität über die Jahrhunderte und wurden erst 1922 im Zuge eines Bevölkerungsaustauschs zwischen Griechenland und der Türkei ausgesiedelt. Dieser Austausch brachte viel Unmut in die ohnehin komplizierten Beziehungen der beiden Völker. Jedoch scheint der Groll nach dem starken Erdbeben in der Türkei im Jahr 2023 für eine Weile verstummt zu sein. Griechenland war eines der ersten Länder, das Helfer in das Katastrophengebiet schickte. Und der griechische Staatssender ERT machte seine Nachrichtensendung mit einem türkischen Lied auf, eine Geste, die die Türken sehr berührte. Ohnehin haben Forscher längst bewiesen, dass die Türken rund um Istanbul, Izmir, Bodrum, Canakkale und Edirne bis zu 30 % griechische Genetik in sich tragen.

WER SIND DIE ALBANER?

Barentssee
eer
Finnland
Norwegen
Russland
Schweden
Estland
änemark
Lettland
Ostsee
Litauen
Russland
Weißrussland
eutschland
Polen
Tschechien
Ukraine
Slowakei
htenstein
Moldawien
Österreich
Ungarn
Slowenien
Kroatien
Rumänien
Georgie
Bosnien
und
Herzegowina
Serbien
Schwarzes Meer
Adriatisches Meer
Italien
Bulgarien
Montenegro
Kosovo
Nord-
mazedonien
Albanien
Tyrrhenisches
Meer
Griechenland
Türkei
Mittelmeer
Ägäisches Meer
Syrien

Der touristische Slogan Albaniens, mit dem das Land seit 2019 um Touristen wirbt, lautet: *Be Taken by Albania*. Sinngemäß als *Von Albanien gepackt* ins Deutsche übertragen, spielt dieser Werbespruch nicht nur auf die Naturschönheiten des Landes, sondern auch auf den Ruf des Balkan-Staates als krimineller Hotspot an. Auf der Website wird in einem Clip eine Verbindung zum Film *Taken* hergestellt. Darin spielt Liam Neeson einen Vater, der verzweifelt nach seiner Tochter sucht, die von albanischen Menschenhändlern entführt wurde. „Hey Liam, wir lieben es, deine Filme zu sehen, und wir denken, dass du sehr talentiert bist", so beginnt das Tourismusvideo, „aber wir haben noch ein Hühnchen mit dir zu rupfen. Du hast die Menschen in der Welt glauben lassen, dass wir Albaner Kriminelle und Schläger seien, immer auf der Suche nach Töchtern, die entführt werden könnten." Im Verlauf des Clips werden positive Eigenschaften des Landes und seinen Menschen aufgezählt, zum Beispiel das *freundliche Lächeln*, die *erstaunliche Geschichte* und das *traditionelle Handwerk* dieser Nation. Die Albaner haben in der Tat einen schlechten Ruf in Europa. Ihre kriminellen Clans strukturieren sich nach familiären Bindungen, die über Staatsgrenzen hinweg agieren. Gleichwohl ist es nur eine kleine Minderheit, die durch ihr Treiben die ganze Ethnie belastet.

EIN ZERSPLITTERTES VOLK

Das Siedlungsgebiet der Albaner auf dem Balkan ist zersplittert, schon bei der Bildung des ersten unabhängigen albanischen Staates im Jahre 1913 blieb die Hälfte des Volkes außerhalb der Grenzen des neuen Landes. Mit über drei Millionen Personen wohnen heute die meisten Albaner in der Republik Albanien. Knapp zwei Millionen Albaner wohnen im Kosovo, in Mazedonien weitere circa 700.000. Serbien und Montenegro weisen ungefähr 200.000 Albaner auf. In Nordwestgriechenland (Epiros) dürfte es trotz Grenzverschiebungen und Zwangsumsiedlungen nach Albanien bis zu 100.000 Albanern geben, die mittlerweile zum größten Teil assimiliert sind. Auch in Mittelgriechenland lebt die albanische Sprache, genauer gesagt, ihre archaische Form, griechisch *Arvanitika* genannt, in etwa 320 Dörfern fort. Die Sprecher sind Nachkommen von Albanern, die Griechenland bereits im Mittelalter besiedelten.

Selbst in Süditalien gibt es eine kleine, aber wohl etablierte albanische Minderheit, die *Arberesch* oder *Italo-Albaner*, deren Anzahl zurzeit ca. 90.000 beträgt. Dabei handelt es sich um die Nachkommen von Flüchtlingen, die den Balkan nach dem Tod des Fürsten Skanderbeg 1468 verließen. Die Arberesch sprechen ebenfalls einen archaischen Dialekt des Albanischen, der von der Standardsprache auf dem Balkan abweicht.

Altherkömmliche Siedlungen von Albanern befinden sich auch in Serbien, im bulgarisch-griechisch-türkischen Grenzgebiet und in der Ukraine (Gebiet von Melitopol und Odessa). Von den Albanerkolonien im Osmanischen Reich ist nur noch sehr wenig geblieben: Die große albanische Minderheit in Ägypten löste sich mit der Zeit auf, obwohl es noch eine beträchtliche Zahl von Albanern in der Türkei sowie, wenn auch weniger zahlreich, in Syrien gibt. Seit der Öffnung von Albanien im Jahre 1990/91 sind viele Albaner aus ihren traditionellen Gebieten vor allem nach Griechenland und Italien ausgewandert. Derzeit gibt es zudem mehrere Hunderttausend Albaner in Westeuropa und Nordamerika.

NAME

Ein Doppeladler auf rotem Grund ziert die Flagge von Albanien. Diese Symbolik leitet sich her von einem Siegel Skanderbegs, dem Nationalhelden, der die Albaner in einem Aufstand im 15. Jahrhundert gegen das Osmanische Reich anführte und eine kurze Zeit der Unabhängigkeit (1443–1478) erreichte. Skanderbegs Adler geht wiederum auf byzantinische Vorbilder zurück. Und zu Ehren Skanderbegs, der 25 Jahre lang gegen die Osmanen kämpfte und gegen sie 25 Schlachten führte, verlieh man dem doppelköpfigen Adler 25 Federn. Im albanisch besiedelten Teil von Jugoslawien war der Doppeladler schon immer das Zeichen eines Großalbaniens, das es aus politischen Gründen nicht geben durfte.

Der Doppeladler gilt als Symbol aller Albaner und sorgt in Nachbarländern wie Serbien oder Griechenland immer wieder für heftige Emotionen. Die albanisch-stämmige Sängerin Eleni Foureira, die beim

Eurovision Song Contest 2018 für Zypern den zweiten Platz errang, posierte anschließend vor den Kameras mit dem Doppeladler und sorgte so für viele negative Reaktionen; ihre Geste wurde als Bekenntnis zu einem Großalbanien interpretiert. Für einen Skandal sorgte die *Doppeladler-Affäre* in der Schweizer Fußballnationalmannschaft bei der WM 2018: Die triumphale Geste der gebürtigen Kosovaren Xherdan Shaqiri und Granit Xhaka im Spiel gegen Serbien wurde als Provokation gegenüber dem serbischen Gegner angesehen.

Dabei hatte das Fabeltier für die Albaner schon immer eine besondere Bedeutung. Sie übersetzen nämlich ihren Volksnamen gern als *Adlersöhne. Shqiperia*, wie Albanien in der Landessprache heißt, kommt angeblich von *shqiponja*, dem albanischen Wort für *Adler*. Sprachwissenschaftlern zufolge wird aber das Wort *shqip* in *Shqiperia* vom Wort für *sprechen* hergeleitet. Die Albaner sind demnach Menschen, die im Unterschied zu Ausländern richtig sprechen.

Für die Albaner existieren unterschiedliche Selbst- und Fremdbezeichnungen. Der Name *Albaner* (lateinisch *Albani*, altgriechisch *Albanoi*/*Ἀλβανόι* oder *Albanioi*/*Ἀλβάνιοι*) war schon in der Antike gebräuchlich. Er wurde zum ersten Mal beim Geografen Claudios Ptolemaios im 2. Jahrhundert erwähnt. Das Zentrum der damaligen Albaner soll die Stadt Albanopolis (Ἀλβανόπολις) gewesen sein. Sie lag 35 Kilometer östlich der Stadt Durrachium. Wann die Stadt diesen Namen erhielt, ist unbekannt, ebenso was mit ihren einstigen Bewohnern, den *Albanoi* geschehen ist. Der Stadtname *Albanopolis* taucht in der Geschichte erst ab dem 13. Jahrhundert wieder auf. Sie wird mit der Stadt Croia (alb. Kruja) identifiziert. Seit dem 18. Jahrhundert ist ein neuer Volksname in Erscheinung getreten: *shqipëtar* (neben *Shqipëri* für *Albanien*).

Bei den in der Nähe lebenden Völkern hat sich hingegen der alte Volksname durchgesetzt: griechisch *arvanites*, serb.-mazedonisch *arbanas*, italienisch *albanese*, türkisch *arnavutlar*. Ab dem 15. Jahrhundert kam in Europa für die Albaner auch der lateinische Name *Epirotes* (deutsch *Epiroten*) auf. In den Albanern sah man die Nachfahren jener Völker, die in der antiken Landschaft Epirus gelebt hatten. Die Albaner wurden im westlichen Europa erst im Mittelalter bekannt. Dies hing einerseits mit Skanderbeg zusammen, der durch seinen Abwehrkampf gegen die

Osmanen gesamteuropäische Popularität erlangte, andererseits aber mit der Auswanderung zahlreicher Albaner nach Italien, die auf diese Weise ins Blickfeld der westlichen Völker gerieten. *Arbëresh* oder *Arbër* waren im Mittelalter die Selbstbezeichnungen der Albaner. Heute werden nur die Albaner in Süditalien Arbëresh genannt.

ETHNOGENESE

Die Herkunft der Albaner ist in der Wissenschaft umstritten. Die Albaner sind stolz darauf, von den Illyrern abzustammen. Manches spricht dafür, dass diese Theorie richtig ist. Leider haben die Illyrer zwar eine Reihe von Orts- und Personennamen hinterlassen, aber keine Texte, nicht einmal eine gesicherte Inschrift, was die Voraussetzung für einen ausführlichen Sprachvergleich wäre. Sicher ist, dass die albanische Sprache auf eine antike Balkansprache zurückgeht und dass diese Sprache nicht das Griechische ist, das seit dem späten 2. Jahrtausend v. Chr. fast lückenlos bekannt ist. Die Hypothese der illyrischen Abstammung geht von einer im albanischen Hochland verbliebenen illyrischen Restbevölkerung aus, die dort die Umwälzungen der Völkerwanderung vom 4. bis 6. Jahrhundert überdauerte.

Neben dieser Version wird auch ein dakischer oder thrakischer Ursprung der Albaner vermutet. Die Vertreter dieser Theorie begründen dies mit einigen lexikalischen und grammatischen Gemeinsamkeiten der rumänischen und albanischen Sprache, die auf ein altbalkanisches Substrat zurückgehen. Der Historiker Gottfried Schramm vermutet die Herkunft der Albaner im thrakischen Volk der Bessoi, einem nicht-romanisierten Stamm, der in Südserbien, im Kosovo und im Nordmazedonien lebte und bereits im 4. Jahrhundert christianisiert wurde. Er argumentiert, dass eine solche frühe Christianisierung das Fehlen einer vorchristlichen heidnischen Religion unter den Albanern erklären würde. Nach dieser Theorie wurden die Bessoi zu Beginn des 9. Jahrhunderts von den Byzantinern massenhaft nach Zentralalbanien deportiert, um gegen die Bulgaren zu kämpfen. In ihrer neuen Heimat nahmen die Vorfahren der Albaner den geografischen Namen *Arbanon* als ethnischen Namen an und assimilierten die lokale Bevölkerung von Slawen und Römern. Ein anderer Forscher, Vladimir Georgiev, postuliert, dass die Albaner von einer dakischen Bevölkerung aus Moesien, der heutigen Region Morava in Ostserbien abstammen. Er stellt auch fest, dass die Meereswörter im Albanisch anderen Sprachen entlehnt sind, was darauf hindeutet, dass die Albaner ursprünglich kein Küstenvolk waren. Auch die Knappheit griechischer Lehnwörter im Albanischen würde die dakische Theorie stützen, denn wenn die Albaner aus der Region Illyrien stammten, müsste es einen starken griechischen Einfluss geben.

Eine weitere populäre Theorie über die Herkunft der Albaner wird auf die Linguistik gestützt. Nach ihr ist das Albanische die Fortsetzung eines altbalkanischen Idioms, das nicht mit dem Illyrischen oder Thrakischen gleichzusetzen ist, sondern mit einer dritten, nicht überlieferten Sprache. Am wahrscheinlichsten ist aber, dass die Illyrer zwar in einer Beziehung zu den heutigen Albanern stehen, aber dabei nur eines von mehreren Elementen der Ethnogenese dieses Volkes darstellen. Tatsache ist, dass sich in der Nachbarschaft der romanisierten Küstenbewohner seit dem frühen Mittelalter Bewohner des Inlandes niederließen, die ihre illyrische Muttersprache und Kultur beibehalten hatten. Aus dieser Siedlungssymbiose ist das Volk der Albaner entstanden, in deren Ethnizität die Spuren des Illyrertums bewahrt blieben.

Die Ethnogenese vollzog sich bis zur Ersterwähnung der Ethnie an der Wende vom 11. zum 12. Jahrhundert im Grenzbereich zwischen dem Bulgarischen und dem Byzantinischen Reich. Dieses Gebiet wurde lange von keinem der beiden Reiche wirklich beherrscht und bot einer eigenständigen Kultur Entfaltungsmöglichkeiten. Von der slawischen Landnahme ab dem 6. Jahrhundert war das nordalbanische Gebirgsland unberührt geblieben. Seit dem 10. Jahrhundert breiteten sich die Vorfahren der Albaner in Richtung Adriaküste und ebenso nach Süden und Osten aus. Dabei wurden sowohl balkanromanische als auch slawische Elemente in die albanische Ethnie integriert und teilweise assimiliert. Im Norden des albanischen Siedlungsgebiets mit der Metropole Bar als kirchliches Zentrum dominierte im Mittelalter der westliche Katholizismus, im Süden war die griechisch-orthodoxe Kirche (mit den Metropolen Dyrrachion und Ohrid) vorherrschend.

GENETIK

Die drei häufigsten Haplogruppen bei den Albanern sind E-V13, R1b und J-M172. Einigen Autoren zufolge scheint E-V13 seinen Ursprung in Griechenland bzw. auf dem südlichen Balkan zu haben. Sein Vorkommen im übrigen Mittelmeerraum ist wahrscheinlich eine Folge der griechischen Kolonisierung. In verschiedenen Studien wurde die hohe Häufigkeit dieser Haplogruppe bei Kosovo-Albanern (46 %), mazedonischen Albanern (34 %), Albanern (32 %) und in einigen Teilen Griechenlands (35 %) festgestellt. Die andere bei Albanern verbreitete Haplogruppe J findet sich zumeist im Kaukasus und in Südwestasien. Sie ist außerhalb des albanischen Territoriums (wo sie bis zu 16 % erreicht) selten, kommt aber auch bei Rumänen und Griechen mit einer Häufigkeit von jeweils 9 % vor, was auf die Verwandtschaft dieser Völker hinweist. Die dritte bei Albanern verbreitete Haplogruppe ist R1b. Diese ist in ganz Europa verbreitet, besonders an der westlichen Atlantikküste Europas, aber auch im Nahen Osten, im Kaukasus und in Teilen Afrikas. Diese Haplogruppe ist zu je 20 % sowohl bei Albanern als auch bei Griechen anzutreffen, ist jedoch anderswo auf dem Balkan viel seltener.

Der Forscher Johann Georg von Hahn brachte sogar die Pelasger als Vorfahren der Albaner in Betracht. Nach George Fred Williams sind die Albaner sogar deren direkte Nachfahren. Er behauptet, dass Homer seine Werke auf Ur-Albanisch geschrieben habe. Die altgriechische Kultur würde demnach eigentlich den Pelasgern und deren Nachfahren, den Albanern, gehören.

SPRACHE

Das Albanische ist eine indogermanische Sprache, daher ist es mit den meisten Sprachen Europas verwandt. Die Zugehörigkeit zur indo-europäischen Sprachfamilie wurde vom deutschen Sprachwissenschaftler Franz Bopp im Jahre 1854 festgestellt. Gleichzeitig muss hinzugefügt werden, dass das Albanische keine engere Verwandtschaft mit anderen indogermanischen Sprachen aufweist. Es handelt sich also um einen eigenen

Sprachenzweig. Trotz der geografischen Nähe zu Griechenland weist das Albanische wenig Ähnlichkeiten mit der altgriechischen Sprache auf. Römische Handelssiedlungen an der illyrischen Küste und die anschließende Kolonisierung Albaniens durch die Römer haben dagegen starke Spuren hinterlassen. Die Entlehnungen aus dem Latein über Jahrhunderte hinweg waren dermaßen massiv, dass sie selbst in die Struktur der Sprache eingriffen. Kulturelle Kontakte mit den Slawen, Türken und Italienern beeinflussten ebenfalls das Albanische. Ob es in der Nachfolge des Altillyrischen steht, lässt sich aufgrund der Seltenheit illyrischer Sprachdenkmäler schwer nachweisen.

Die Sprache lässt sich in zwei Dialektgruppen gliedern: das Gegische im Norden und das Toskische im Süden. Die Grenze zwischen ihnen bildet der Fluss Shkumbin. Die Literatursprache umfasst beide Dialekte, wobei das Toskische mit einem Anteil von 80 % deutlich überwiegt.

LANGE ZEIT EIN VOLK OHNE EIGENEN STAAT

Nach der römischen Reichsteilung 395 gehörten die albanischen Gebiete zum Oströmischen Reich. Bei dessen Zerfall wurde die Region Durchmarsch- und Besatzungsgebiet der Bulgaren, Normannen, Venezianer und Serben. Albanisch-slawische Familien gründeten seit dem 12. Jahrhundert kleine Fürstentümer in Abhängigkeit von Byzanz, Epirus, Serbien, Venedig und Neapel, später auch von den Osmanen. Dies führte dazu, dass die Albaner politisch, religiös und kulturell keine Einheit bildeten.

Das Fehlen einer eigenen mittelalterlichen Reichstradition sollte sich Jahrhunderte später bei der Herausbildung der modernen albanischen Nation bemerkbar machen. Die anderen südosteuropäischen Völker bezogen sich im 19. Jahrhundert auf ihre mittelalterlichen Glanzzeiten. Dies stärkte nicht nur die Identität von Serben, Griechen und Bulgaren, sondern lieferte den Politikern dieser Nationen auch die Begründung, mit der sie die albanisch bewohnten Gebiete für ihre Staaten beanspruchten.

Seit dem Ende des 14. Jahrhunderts expandierten die Osmanen in die albanischen Länder. Nach einem Jahrhundert wechselvoller Kriege herrschten nach dem Fall von Shkodra im Jahre 1479 die Türken mehr als 400 Jahre über Albanien und die angrenzenden Länder. In mehreren Wellen und regional unterschiedlich ausgeprägt vollzog sich in den folgenden drei Jahrhunderten die Konversion der meisten Albaner vom Christentum zum Islam. Das Vordringen der Osmanen zwang die albanischen Fürsten zu einer Schaukelpolitik zwischen den Mächten. Viele von ihnen wechselten mehrmals die Religion.

Gjergj Kastriota, Sohn des Fürsten von Kruja, machte am Sultanshof eine Militärkarriere als Iskender Bey (deutsch *Skanderbeg*), wandte sich aber gegen den Sultan, als seine Ansprüche auf den väterlichen Besitz infrage gestellt wurden. Er besetzte Kruja, kehrte vom Islam zum Katholizismus zurück und gründete unter venezianischer Schirmherrschaft 1444 in Lezhë eine Liga albanischer und slawischer Fürsten, ohne damit einen Staat zu gründen. In Albanien geriet er später in Vergessenheit. Erst im 19. Jahrhundert fand die Nationalbewegung in ihm einen Anknüpfungspunkt.

Der Mythos von Skanderbeg wurde im 20. Jahrhundert bei der Aufstellung der *21. Waffen-Gebirgs-Division der SS „Skanderbeg"* in zweifelhafter Weise bemüht. Auf deutscher Seite hatte man 1944 von den Albanern eine Vorstellung, die ideal zu dem passte, was der Krieg brauchte: Es handele sich um eines der „waffenfreudigsten Völker, die man sich denken kann". Das nach der Kapitulation Italiens selbstständige, aber nicht zuletzt wegen seiner Bodenschätze (Erdöl, Chromerze) unter deutscher Oberherrschaft stehende Albanien befürwortete die deutsche Besatzungsmacht in der Hoffnung, den Traum eines Großalbaniens unter Einschluss des Kosovos realisieren zu können.

EINE ALBANISCHE BESONDERHEIT: KANUN

In den abgelegenen Berggebieten war die Bevölkerung bis ins 20. Jahrhundert auf sich gestellt. Unter diesen Voraussetzungen entwickelten die Albaner ein Rechtssystem, dessen Normen über Jahrhunderte mündlich von einer Generation zur anderen überliefert wurden. Das Wort *Kanun* stammt aus dem Griechischen (*kanón = Maßstab, Regel*) und kam über das Osmanisch-Türkische (*kanun = Gesetz*) ins Albanische. Es gibt mehrere Kanun, der bekannteste ist nach dem Fürsten Lekë Dukagjini benannt. Er enthält Bestimmungen über die Familie, die Erbschaft („der Kanun anerkennt als Erben nur den Sohn, nicht die Tochter"), den Bauernhof, das Vieh. Im Vertragsrecht behandelt der Kanun den Arbeitslohn, Handel, Kauf und Darlehen.

Und ein Teil ist den Verbrechen und Strafen gewidmet, darunter der Blutrache. Die Ehrverletzungen müssen mit dem Blut eines männlichen Mitglieds der Familie des Beleidigers vergolten werden oder können nach komplizierten Vermittlungen verziehen werden. Der Kanun schreibt einen Ablauf der Blutrache vor: Der Täter darf nur auf offener Straße umgebracht werden, nicht im eigenen Haus. Sobald der Rächer den Blutschuldner erblickt, muss er seinen Namen laut ausrufen und warten, bis sich dieser umdreht. Dann steht ihm genau ein Schuss zur Verfügung. Der Täter muss den Toten zu seiner Familie bringen, damit kein Verdacht auf einen Falschen fällt. Er ist auch verpflichtet, an der Beerdigung teilzunehmen. Nach seiner Tat muss sich der Rächer isolieren, um einer erneuten Blutrache zu entgehen. Dasselbe gilt auch für die anderen männlichen Familienmitglieder.

Während der kommunistischen Diktatur von Enver Hoxha wurde die Blutrache in Albanien nicht angewandt, denn der Staat konnte in dieser Zeit seine Rechtshoheit landesweit durchsetzen. Nach dem Fall von Hoxha haben sich die Menschen wieder dem Kanun zugewandt. In Blutfehden sind dem Staat heute oft die Hände gebunden, da er in der Tradition des Kanuns nicht als Akteur anerkannt wird. Daher gibt es auch in der heutigen Zeit Personen, die ihr Haus nicht verlassen können, aus Angst, von einer verfeindeten Sippe erschossen zu werden.

WER SIND DIE DÄNEN?

Barentssee
eer
Finnland
Russland
Norwegen
Schweden
Estland
nemark
Ostsee
Lettland
Litauen
Russland
Weißrussland
eutschland
Polen
Tschechien
Ukraine
Slowakei
htenstein
Moldawien
Österreich
Ungarn
Slowenien
Kroatien
Rumänien
Georgie
Bosnien
und
Herzegowina
Serbien
Schwarzes Meer
Italien
Adriatisches Meer
Montenegro
Kosovo
Bulgarien
Nord-
mazedonien
Albanien
yrrhenisches
Meer
Griechenland
Türkei
Mittelmeer
Ägäisches Meer
Syrien

Wohl jeder kennt das auffällige Bluetooth-Zeichen vom eigenen Smartphone oder anderen technischen Geräten, das so ganz anders aussieht als die üblichen klaren Symbole wie z. B. die für WLAN, Datentransfer oder den Flugmodus. Auch der Name Bluetooth (deutsch: Blauzahn) klingt erst mal kryptisch und verrät nichts über seine eigentliche Funktion. Das Funkverfahren Bluetooth ermöglicht es Geräten wie Computern, Smartphones oder Druckern, drahtlos miteinander zu kommunizieren. Entwickelt wurde die Technik von Informatikern der Handy-Pioniere Nokia, Intel und Ericsson in den 1990er Jahren. Auf der Suche nach einem passenden Namen für die neue Technologie stießen die Entwickler auf die Geschichte des berühmten Dänen-Königs Harald Blauzahn. Das Bluetooth-Logo ist ein Monogramm aus den beiden altnordischen Runen für die Buchstaben H und B. Sie stehen für Harald Blauzahn, dänisch Harald Blåtand, der im 10. Jahrhundert König von Dänemark war. Er hat mit seinem Verhandlungsgeschick viele Stämme vereint. Der Name Bluetooth stellt auf diese Weise eine direkte Verbindung zu den Bestrebungen der Tech-Firmen dar, einen einheitlichen technischen Standard zu schaffen.

Im Ort Jelling mitten in Jütland stehen die beiden Steine, die von Harald Blauzahn und seinem Vater Gorm errichtet wurden. Sie gelten als *Taufsteine* Dänemarks, da ihre Runeninschriften zum ersten Mal den Namen Dänemark erwähnen. Harald Blauzahn führte mit seiner geschickten Reichs- und Kirchenpolitik Dänemark aus der Bedeutungslosigkeit an die Spitze Skandinaviens und machte es so zum nordischen Großreich. Dies gelang ihm besonders wegen seiner Geschicklichkeit, als Netzwerker aufzutreten und mächtige Menschen zusammenzubringen. Indem er ehemals konkurrierende nordische Machthaber an einen Tisch brachte, gern bei üppigen Festessen, gelang es Harald Blauzahn, rivalisierende Stämme zu vereinen und damit ein einheitliches dänisches Reich zu schaffen, das sich auch später mit anderen europäischen Großmächten messen konnte. Noch um 1800 war Kopenhagen die Metropole eines Vielvölkerstaates, zu dem die Herzogtümer Schleswig und Holstein, aber auch Norwegen, Island, die Färöer, Grönland und die Westindischen Inseln gehörten.

NAME

Wahrscheinlich leitet sich der Name Dänemark von *Tanne* oder *Mark* (*Grenzregion*) oder von der indoeuropäischen Wurzel *dhen* (*flach*) ab. Der Name wurde zuerst von den Goten verwendet, um den Wald zu benennen, der das Land der Goten vom Land der Dänen (damals *Scania*) trennte. Es gibt auch andere Versionen über die Entstehung dieses Ethnonyms. Der in der *Gesta Danorum* festgehaltenen Überlieferung zufolge bezieht sich der Name des Volkes auf den mythologischen Stammvater der Dänen, König Dan. Dan hatte einen Bruder namens Angul, der als Stammvater der Angeln gilt. In anderen Überlieferungen ist von einem dritten Bruder Nór oder Nóri, dem Stammvater der Norweger, und einem vierten namens Østen die Rede. Sie alle sollen Söhne des Königs von Alt-Uppsala gewesen sein. Tatsächlich gibt es auch heute einen zur Gemeinde Uppsala gehörenden Ort Danmark in der Provinz Uppland, der im Zusammenhang mit der Urheimat der Dänen stehen soll.

ETHNOGENESE

Über die Herkunft der Dänen gibt es mehr Legenden als gesicherte Angaben. Der normannische Chronist Dudo von Saint-Quentin wollte die Dänen als Nachfahren des Trojaners Antenor sehen. Der römisch-gotische Chronist Jordanes erwähnte erstmals um 550 die Dani als einen Unterstamm der Suitidi, der Schweden. Zeitgleich tauchten die Dänen auch in den Historien des griechischen Historikers Prokop auf, in denen er über die Gotenkriege berichtete.

Jordanes und Prokop brachten in ihren Berichten die Dänen in Verbindung mit den ihnen angeblich verwandten Herulern, die der gotischen Gruppe der Ostgermanen zuzurechnen sind. Ihre genaue Herkunft bleibt ungeklärt. Eine Vermutung zielt auf eine Abstammung aus dem Ostseeraum im Bereich des Südufers oder an der nördlichen Küste. Die Heruler sollen von den Dänen, dem nordgermanischen Stammesverband, aus ihren Siedlungsgebieten in Schonen und Halland vertrieben worden sein. Der Herulerkönig Rudolf gründete ein neues Reich an der Donau. Als das von den Langobarden vernichtet wurde, seien die Heruler um 512 zurück nach Jütland gezogen, wo sie in den Dänen aufgegangen sein sollen.

Auch untereinander zeigten sich die Dänen immer kampfeslustig. Ein dänisches Archäologenteam hat Beweise für eine erbitterte Schlacht im Mündungsgebiet des Flusses Illerup in Jütland vom 1. Jahrhundert gefunden. Die Archäologen rechnen die Zahl der beteiligten Personen auf mindestens 380 hoch. Das ist wesentlich mehr als die Einwohnerzahl eines Dorfes zu dieser Zeit, und wenn man berücksichtigt, dass es sich fast ausschließlich um Männer mittleren Alters handelte, muss es sich um eine kriegerische Auseinandersetzung mit deutlich überregionalem Bezug gehandelt haben. Römer, so viel steht fest, waren an der Auseinandersetzung nicht beteiligt, denn so weit nördlich sind die Römer auf dem europäischen Festland nie gekommen. Auch die Überreste der Waffen, Speerspitzen, Axt, Fragmente von Schwertern und Schilden sind germanischen Ursprungs.

Die Dänen scheuten jedenfalls keine Kriege, weder untereinander noch mit ihren Nachbarn. Der fränkische Chronist Gregor von Tours beschrieb im 6. Jahrhundert in seiner *Geschichte der Franken* den Kriegszug eines dänischen Königs Chlochilaicus ins Frankenreich. Das erst im 7. Jahrhundert entstandene Finnsburg-Fragment, Überbleibsel eines altenglischen Gedichts, berichtet von Kämpfen zwischen Dänen und Friesen im 5. Jahrhundert. Im altenglischen Beowulf-Epos des 8. Jahrhunderts wurden die Dänen dank ihrer Kriegslust sogar als *Gâr-Dena* (*Speer-Dänen*) betitelt. In anderen Erzählungen wurden gelegentlich auch Ring-Dänen (mit Ringpanzern gerüstet), Schwert-Dänen, Axt-Dänen oder Hammer-Dänen erwähnt.

Zu Beginn des 6. Jahrhunderts breiteten sich die Dänen von Schonen zunächst nach Seeland und auf die übrigen dänischen Inseln aus, von dort nach Jütland. In Jütland verschmolzen die nordgermanischen Dänen mit jenen Resten der germanischen Vorbevölkerung, die im vorangegangenen Jahrhundert nicht nach England abgewandert war. Dass dort Bevölkerungsreste aus vordänischer Zeit zurückgeblieben und danisiert worden sind, zeigen erhaltene Namen wie Thyland (Teutonen), Himberland (Kimbern), Angel (Angeln), Amrum (Ambronen), Schwabstedt (Eidersueben), Harsyssel (Harudes), vielleicht auch Vendsyssel (Vandalen).

Allerdings mussten sich die Dänen später, vom 7. bis zum 11. Jahrhundert, selbst gegen norwegische und schwedische Eroberungs- und Ansiedlungsversuche durchsetzen.

Ab dem 9. Jahrhundert zogen dänische Wikinger nach England (v. a. in die einst von den Angeln gegründeten Königreiche Northumbria, Mercia und East Anglia) und dazu noch nach Irland. Lincoln, Derby, Nottingham, Leicester und Stamford waren damals dänische Städte. Auch die meisten der sich im 9. und 10. Jahrhundert in der französischen Normandie ansiedelnden Wikinger waren Dänen. Trotz des englischen St.-Brice's-Day-Massakers an dänischen Siedlern im Jahre 1002 herrschten die Dänen im 11. Jahrhundert kurzzeitig über ganz England und damit über ein Nordseereich, gingen dort aber ebenso rasch in der englischen Bevölkerung auf, so wie die Dänen in der Normandie von den Franzosen assimiliert wurden.

Der erste historisch fassbare dänische König und erste vorläufige Reichseiniger war Gudfred in Haithabu. Gegen ihn errichtete der Frankenkaiser Karl der Große im 9. Jahrhundert zeitweise die Dänische Mark (bzw. Mark Schleswig) zwischen Schlei und Eider. Die Dänen ihrerseits errichteten gegen Franken und Sachsen das Danewerk, das sich zur nationalen Verteidigungsanlage und sogar zu einem Nationalsymbol entwickelte. Die Eider bildete fortan die ungefähre Südgrenze der dänischen Besiedlung. Darüber hinaus beherrschten dänische Wikingerfürsten als getaufte Vasallen fränkischer Herrscher im 9. Jahrhundert auch Dorestad (bei Utrecht) und den Großteil Frieslands. Zu einer Unterwerfung der Friesen kam es jedoch nicht. Erst unter König Gorm kam es im 10. Jahrhundert zu einer dänischen Reichseinigung. Den Nachfolgern gelang die Eroberung weiter Teile der Britischen Inseln, Norwegens und der fränkischen Mark Schleswig. Im 13. Jahrhundert gehörte auch der Norden des heutigen Estlands zu Dänemark. Die Reichseinheit ging im 12. und 14. Jahrhundert kurzzeitig nochmals verloren. Hinzu versanken große Teile des Siedlungsgebiets an der schleswig-holsteinischen Nordseeküste im 14. Jahrhundert dauerhaft im stürmischen Meer, Dänemark verlor dabei Zehntausende Einwohner und Lebensraum für Zehntausende weitere.

1397 wurde die nordische Union auf dem schwedischen Schloss von Kalmar beschlossen, und zwar unter dänischer Vorherrschaft. Dabei handelte es sich um eine Vereinigung der Königreiche Dänemark, Norwegen und Schweden, umfasste aber auch Gebiete des heutigen Finnlands, das damals unter schwedischer Herrschaft stand, die Inseln Island, Färöer, Shetland und Orkney, die der norwegischen Krone unterstellt waren, und zeitweise die Territorien Schleswig und Holstein. Dieser Vertrag war lediglich als Personalunion und Verteidigungsbündnis angelegt gewesen. Die Länder sollten weiterhin separat regiert werden, nur die Außenpolitik sollte in den Händen eines Königs liegen. Die Union hielt 180 Jahre und wurde 1536 seitens der Schweden aufgekündigt. Ihre schonischen Stammlande verloren die Dänen im 17. Jahrhundert an Schweden, begannen aber ab dem 18. Jahrhundert mit der Kolonisierung Grönlands. 1814 fiel Norwegen an Schweden, dafür behielt Dänemark für mehr als ein Jahrhundert Island.

GENETIK

Die erste Besiedlung Europas durch den modernen Menschen erfolgte vor etwa 45.000 Jahren durch Jäger und Sammler, die ursprünglich aus Afrika stammten. Dabei gab es zwei Wanderrouten. Frühere Analysen menschlicher Genome haben gezeigt, dass im Mesolithikum zwei genetisch unterschiedliche Gruppen in Europa lebten: die westlichen Jäger und Sammler, deren Skelette bei Ausgrabungen von der iberischen Halbinsel bis nach Ungarn geborgen wurden, und die aus Karelien in Russland bekannten östlichen Jäger und Sammler. Ergebnisse aktueller Studien zeigten, dass mesolithische Jäger und Sammler aus Litauen trotz der geografischen Nähe zu Russland ihren westlichen Nachbarn genetisch ähnlicher waren. Die Vorfahren der Skandinavier stammten von beiden Gruppen ab. Johannes Krause, Direktor der Abteilung für Archäogenetik am Max-Planck-Institut für Menschheitsgeschichte, erklärt: „Die Tatsache, dass im Baltikum westliche Jäger und Sammler lebten, legt nahe, dass die östlichen Jäger und Sammler eine nördliche Route nach Skandinavien nahmen. In Südskandinavien vermischten sie sich genetisch mit westlichen Jäger-Sammlern, die aus dem Süden kamen, wodurch die skandinavischen Jäger und Sammler entstanden."

Die großflächige Ausbreitung der Landwirtschaft begann in Südskandinavien erst im 4. Jahrtausend v. Chr., mehr als ein Jahrtausend, nachdem sie in Mitteleuropa bereits üblich war. Eine wissenschaftliche These dazu lautet, dass die landwirtschaftliche Lebensweise von den lokalen Wildbeutern im Norden entwickelt wurde, die möglicherweise die Praktiken der benachbarten Bauern kopierten, doch eine aktuelle Studie kommt zu einem anderen Schluss: Die frühesten Bauern in Schweden stammen nicht von mesolithischen Skandinaviern ab, sondern zeigen ein genetisches Profil ähnlich dem der mitteleuropäischen Bauern. Wie diese erbten auch sie einen wesentlichen Teil ihrer Gene von anatolischen Bauern, die sich vor etwa 8.000 Jahren nach Europa ausbreiteten und den einschneidenden Epochenwechsel, die sogenannte *neolithische Revolution*, den Übergang zur Landwirtschaft, in Gang setzten. Diese archäologisch als Trichterbecherkultur bekannte Bevölkerung verschwand dann aber weitgehend etwa tausend Jahre später, als Steppenhirten einwanderten und die sogenannte Einzelgrabkultur gründeten. Auf dem Gebiet von Dänemark ereigneten sich also zwei große Bevölkerungsverschiebungen in relativ kurzer Zeit. Archäologische Funde würden zeigen, so der Archäogenetiker Eske Willerslev, dass die jeweiligen Neuankömmlinge die ansässige Bevölkerung weder vertrieben noch sich mit ihr vermischten, sondern sie ausgelöscht hatten. Laut empirischer Daten tragen viele Menschen der heutigen europäischen Bevölkerung ein genetisches Erbe in sich, das sich aus allen drei Migrationswellen zusammensetzt. Der jeweilige Anteil variiert allerdings je nach Herkunftsort. So sind die heutigen Dänen und andere Nordeuropäer im Durchschnitt größer und hellhäutiger als die Menschen in südlichen Regionen, weil in ihrem Erbgut ein höherer Anteil des Genoms ehemaliger Steppenbewohner steckt.

Die wichtigsten männlichen Haplogruppen sind I1 (34 %), R1b (33 %) und R1a (15 %). I1 ist typisch für nordgermanische Völker und zumeist bei Dänen, Schweden, Norwegern und Norddeutschen anzutreffen. R1b gilt als keltisch, kommt aber auch bei einigen germanischen Völkern vor; R1a erreicht ihre höchste Konzentration in Europa bei West- und Ostslawen. Die wichtigsten weiblichen Haplogruppen sind H (47,3 %) und J (13,4 %). Die Völker, die den Dänen über ihre väterliche genetische Linie am nächsten stehen, sind: Norweger (genetische Übereinstimmung zu 87,5 %), Schweden (83,5 %), Deutsche (79,5 %), Niederländer (68 %) und Polen (48 %). Die Völker, mit denen die Dänen mütterlicherseits am engsten verwandt sind: Niederländer (89,8 %), Norweger (88,2 %), Deutsche (88,1 %), Schweden (86,1 %) und Polen (84 %).

Was ihr Aussehen betrifft, gehören die meisten Dänen (ohne die Migranten der letzten Jahrhunderte zu berücksichtigen) nach dem Anthropologen Nikolai Tscheboksarov zum atlantisch-baltischen Typ. Weiterhin sind folgende Typen anzutreffen: der weißmeer-baltische Typ (im Süden und auf der Insel Bornholm, im Nordosten), der zentraleuropäische Typ (auf den Inseln des Archipels) und der indo-mediterrane Typ (sehr selten und nur entlang der Nordseeküste).

GENETISCHER SONDERFALL WIKINGER

Um die Herkunft der Wikinger zu klären, sequenzierten die Forscher um Eske Willerslev Genome von 442 menschlichen Überresten mit Wikinger-Bezug. Die Resultate ergeben ein uneinheitliches Bild. Grundsätzlich werden drei Gruppen bezüglich ihrer geografischen Herkunft unterschieden: Schweden-ähnlich, Norwegen-ähnlich und Dänen-ähnlich. Die Grenzen dazwischen verliefen jedoch entlang natürlicher Barrieren und nicht entlang der heutigen Staatsgrenzen. So ähnelten die Menschen im Südwesten des heutigen Schweden eher den Dänen. Die schwedische Gruppe wies demnach starke verwandtschaftliche Beziehungen zu Osteuropäern auf, und das spiegelt auch die Handelsbeziehungen seit der Bronzezeit im Ostseeraum wider. Der Einfluss der norwegischen Gruppe dagegen reichte nach Irland, Island und Grönland, während die dänische Gruppe sich eher nach England hin orientierte.

Allerdings veränderte sich die genetische Landschaft mit der Zeit: „Wir haben herausgefunden, dass der Genfluss innerhalb Skandinaviens grob von Süden nach Norden verläuft und von Bewegungen aus Dänemark nach Norwegen und Schweden dominiert wurde“, schreibt Eske Willerslev. Zudem wanderten schon mindestens seit der Eisenzeit, die im Norden Europas nach 750 v. Chr. begann, Menschen aus dem südlichen Europa und Asien nach Skandinavien. Die Inseln Gotland und

Öland waren schon zur Römerzeit wichtige Handelsorte. „Bisher wussten wir nicht, wie die Wikinger genetisch aussahen“, sagt Willerslev, „wir fanden genetische Unterschiede zwischen verschiedenen Wikinger-Populationen in Skandinavien, was zeigt, dass die Gruppen der Region viel stärker voneinander isoliert waren als bisher bekannt.“ Viele Wikinger seien eher braunhaarig als blond gewesen, was auf Einflüsse von außerhalb Skandinavien schließen lässt.

DÄNEN UND DEUTSCHE

Während das schwedische Nationalbewusstsein durch die Abgrenzung vom Dänentum entstand, ist das dänische Nationalbewusstsein durch Selbstbehauptung gegenüber den deutschen Nachbarn geprägt. In Deutschland zählte man die dänische Metropole bis ins 19. Jahrhundert hinein zum deutschen Kulturraum. Im 15. Jahrhundert gelangte mit den Oldenburgern ein deutsches Fürstenhaus auf den Thron, dessen Vertreter deutsch heirateten, sodass Deutsch bis Ende des 18. Jahrhunderts die Muttersprache des dänischen Königshauses blieb. Um 1750 stammten von den vier Mitgliedern des *Geheimen Rates* drei aus Mecklenburg und eines aus Bayern. Deutsch war bis 1772 auch Kommandosprache der Armee. „Mit der deutschen Sprache ist es wie mit der Erbsünde: wir sind damit geboren“, seufzte der dänische Literat Knud Lyne Rahbek. Über die dänische *Holzschuhsprache* zu spotten, gehörte lange Zeit zum guten Ton.

Erst die Kriege des 19. Jahrhunderts trübten endgültig das Verhältnis zu den Deutschen. Im Brennpunkt stand die *Schleswigsche Frage*. Im Norden des Herzogtums siedelten überwiegend Dänen, im Süden vornehmlich Deutsche, während Holstein deutschsprachig war. Unversöhnlich standen sich die Gegensätze gegenüber: Deutsche Schleswiger und Holsteiner forderten eine freie Verfassung für die Herzogtümer und deren Einbindung ins deutschsprachige Gebiet, während Dänemarks Nationalliberale Schleswig einem dänischen Nationalstaat einverleiben wollten. Zweimal, 1848 bis 1851 und 1864, kreuzten Deutsche und Dänen die Klingen. Als der dänische König internationale Konventionen brach und eine für Dänemark und Schleswig gültige Verfassung erließ, marschierten 1864

Preußen und Österreich ein. Rasch entzauberten sie den Glauben der Dänen an die Unüberwindbarkeit des jahrhundertealten Festungsgürtels *Danewerk*. 40.000 Mann traten bei -10 °C und auf eisglattem Terrain den Rückzug an. 26.000 weitere verschanzten sich in Düppel. Doch die Preußen erstürmten auch diese Düppeler Schanzen. Noch im selben Jahr unterzeichneten Preußen, Österreich und Dänemark einen Friedensvertrag, in dem die Dänen Schleswig, Holstein und Lauenburg an Preußen und Österreich abtreten mussten. Damit verlor Dänemark fast eine Million Einwohner und ein Drittel seiner Fläche. Im Vertrag von Gastein 1865 erhielt Preußen die Herzogtümer Sachsen-Lauenburg und Schleswig, Holstein fiel an Österreich. Preußen provozierte anschließend seinen einstigen Partner Österreich und löste 1866 den *Deutschen Krieg* aus, der zugunsten der Preußen entschieden wurde. Österreich verzichtete auf seine Rechte an den Herzogtümern, und aus den drei Gebieten wurde die preußische Provinz Schleswig-Holstein.

Nach dem Ersten Weltkrieg teilte man Schleswig noch einmal. Nach einer Volksabstimmung wurde Nordschleswig 1920 wieder ein Teil Dänemarks, Südschleswig verblieb bei Deutschland. Im Zweiten Weltkrieg verletzte Deutschland die dänische Neutralität und hielt das Land von 1940 bis 1945 besetzt. Nach dem Krieg lehnte Dänemark einen Vertrag mit Deutschland ab. Stattdessen wurde 1955 der gegenseitige Wille in den *Bonn-Kopenhagener-Erklärungen* bekundet, die Rechte der jeweiligen Minderheit im eigenen Staat zu sichern. Heute ist die dänische Minderheit eine von vier anerkannten Minderheiten in Deutschland. Und mittlerweile hat sich das Verhältnis der beiden Völker auch wieder entspannt, auch wenn in Dänemark antideutsche Klischees nicht endgültig verschwunden sind.

WER SIND DIE FRANZOSEN?

Barentssee
eer
Finnland
Russland
Norwegen
Schweden
Estland
Lettland
änemark
Ostsee
Litauen
Russland
Weißrussland
eutschland
Polen
Ukraine
Tschechien
Slowakei
Moldawien
chtenstein
Österreich
Ungarn
Slowenien
Kroatien
Rumänien
Georgie
Bosnien und Herzegowina
Serbien
Schwarzes Meer
Italien
Adriatisches Meer
Bulgarien
Montenegro
Kosovo
Nord-mazedonien
Albanien
Türkei
Tyrrhenisches Meer
Griechenland
Mittelmeer
Ägäisches Meer
Syrien

Die Frage „Wer oder was sind die Franzosen?“ beschäftigte Nicolas Sarkozy und Alain Juppé im Vorfeld der Präsidentschaftskandidatur 2017. beide wollten Nachfolger von François Hollande werden, und beide mischen in der Diskussion um die französische Identität munter mit. „Sobald jemand Franzose wird, sind die Gallier seine Vorfahren“, sagte hierbei Sarkozy.

Aber was ist mit den Franken, von denen die Franzosen lange Zeit ihre Herkunft ableiteten. Das Land heißt ja immerhin *Frank*reich. Auch in Deutschland sah man die Franzosen immer schon als Franken. Theodor Körner reimte 1813 in seinem Widerstandslied *Lützows wilde verwegene Jagd*: „Es legt sich in nächtlichen Hinterhalt. Das Hurrah jauchzet. Die Büchse knallt. Es stürzen die fränkischen Schergen.“

GALLIER

Gallien ist ein alter Name für das Land, das wir heute als Frankreich kennen. Der Name stammt von den Römern, und die haben es von einem Wort abgeleitet, das einige Kelten für ihre Stammesgruppen benutzten. Die heute bekanntesten Kelten gibt es allerdings nur auf dem Papier: Asterix, Obelix und die anderen Bewohner des kleinen unbeugsamen Dorfes. Die Comics von Albert Uderzo und René Goscinny verkauften sich weltweit über 300 Millionen Mal. „Wir befinden uns im Jahre 50 v. Chr. Ganz Gallien ist von den Römern besetzt. Ganz Gallien? Nein! Ein von unbeugsamen Galliern bevölkertes Dorf hört nicht auf, dem Eindringling Widerstand zu leisten.“ Mit diesen Worten beginnt jeder Asterix-Band.

Julius Cäsar, der Eroberer Galliens, schrieb in seinem berühmten Werk *Commentarii de bello Gallico*: „Ganz Gallien ist in drei Teile geteilt, deren einen die Belger bewohnen, den anderen die Aquitanier und den dritten die, die in ihrer eigenen Sprache *Kelten*, in unserer Gallier heißen.“ Was die Etymologie betrifft, leiten sich die beiden Bezeichnungen *Kelten* und *Gallier* von einer indogermanischen Sprachwurzel ab. Während die Vorsilbe *kel/kelh* ‚verbergen‘, ‚emporragen‘ oder ‚schlagen‘ bedeutet, bezieht sich *gal* auf die Eigenschaften ‚Macht‘, ‚Stärke‘ und ‚Tapferkeit‘.

Jedoch ist eines zu beachten: alle Gallier waren Kelten, aber nicht alle Kelten waren Gallier.

In den fünf Jahrhunderten bis zur römischen Eroberung entwickelten die Gallier eine eigene Kultur. Sie hatten zuvor die Urbevölkerung (z. B. Ligurer) in den Süden abgedrängt. Nur ein Zweig der Iberer, die Aquitaner, hat sich bis heute in geringen Resten in den Pyrenäen erhalten. Nach dem Sieg über die Gallier wurden die synonym verwandten Namen *Kelten* und *Gallier* von den Römern stärker differenziert. Noch immer waren für sie sämtliche Ureinwohner des heutigen Frankreichs und Belgiens sowie Luxemburgs und der Westschweiz zwar Kelten. Regional wurden die Gallier nun jedoch von Aquitaniern, Basken und Belgern unterschieden. Auf dem Gebiet Galliens waren seinerzeit Dutzende gallisch-keltischer Stämme ansässig, die sich je nach genauer Lage der von ihnen bewohnten Region etwa auch mit Germanen rechts des Rheins und Helvertiern mischten. Das heutige französische Kernland rund um Lyon war damals als *Gallia Celtica* bekannt. Zu den größten Stämmen der Gegend zählten die Arverner in der Auvergne, zu denen auch der Anführer des von Cäsar niedergeschlagenen Gallier-Aufstands im Jahr 52 v. Chr., Vercingetorix, stammte. Mächtig und einflussreich waren ebenso die Stämme der Mandubier im Burgund und Jura sowie die nördlich benachbarten Haeduer im heutigen Gebiet Bourgogne-Franche-Comté. Die einstige mandubische Hauptstadt Alesia in Burgund war mit einer Ausdehnung von fast einhundert Hektar eine der größten befestigten Städte der Zeit und wies Bauten in typisch keltischer Bauweise aus Lehm, Holz und Stroh auf. Trotz der Zugehörigkeit der keltischen Sprachen zur indoeuropäischen Sprachfamilie unterschieden sich diese teilweise sehr stark. So gehen Sprachwissenschaftler davon aus, dass sich nur räumlich nicht allzu weit voneinander lebende keltische Stämme ansatzweise und rudimentär miteinander verständigen konnten. Kelten und Gallier gehörten somit wahrscheinlich nur gemäß der römischen Außensicht zum selben Volk. Ihrem Selbstverständnis zufolge sahen sie sich als regionale Ethnien, die mit weiter entfernten Verwandten nur wenig zu tun hatten. Als eine verlässliche Gemeinsamkeit mag aber der Glaube an überregionale Mutter-, Toten-, Handwerks- und Kriegsgottheiten im gesamten keltischen Raum gedient haben, auch wenn diese Götter je nach Gegend voneinander abweichende Namen trugen.

Gallien wurde nach der Eroberung romanisiert, nach zwei Generationen fügten gallische Edle ihrem keltischen einen römischen Namen hinzu. Der Gallierfürst Vercingetorix wurde vergessen und erst im 19. Jahrhundert wiederentdeckt. Ein Nationaldenkmal für ihn wurde erst 1864 von Napoleon III. errichtet, seine Kapitulation vor Cäsar wurde nach der französischen Niederlage im Deutsch-Französischen Krieg (1870/71) zum nationalen Mythos überhöht.

FRANKEN

Die christianisierte galloromanische Bevölkerung wurde im Zuge der Völkerwanderung im Südosten zunächst von Burgundern, im Südwesten von Westgoten und allesamt schließlich von salischen Franken unterworfen. Dieser Stamm hatte sich um 420 von den ripuarischen Franken um Köln gelöst und soll der Legende nach unter Faramund in das heutige belgische und nordfranzösische Gebiet gewandert sein. Der Sieg der Franken über die Alemannen in der Schlacht von Zülpich im Jahr 496 wurde später als Beginn der französischen Geschichte herausgestellt. Die Franken (sinngemäß die ‚Mutigen', ‚Kühnen') waren ihrerseits allerdings selbst ein buntes Gemisch freier Stämme. Gegenüber sechs bis zehn Millionen unterworfener Galloromanen zählte die Oberschicht der fränkischen Eroberer nur einige Hunderttausend. Mit der Taufe des Frankenkönigs Chlodwigs um 500 verband sie sich mit dem einheimischen Adel. Allmählich bildete sich eine neue Mischbevölkerung heraus.

Zu den germanischen Völkern kamen ab dem 10. Jahrhundert noch die Normannen hinzu. Bei diesen zeigte sich die Assimilationsfähigkeit der galloromanischen Mehrheit am deutlichsten. Innerhalb weniger Generationen waren die Normannen ganz in ihr aufgegangen. Frankophone Normannen eroberten England sowie Süditalien. Die im 5. Jahrhundert eingewanderten nicht romanischen, keltischen Bretonen behielten ihre kulturelle Eigenart hingegen bis heute bei.

Im Zuge der Ausbildung eines katholischen Universalreiches unter Karl dem Großen hatte die galloromanische Kultur eine kosmopolitische Prägung erhalten. Nach der Teilung des Reiches 843 fiel der Großteil des ursprünglichen Siedlungsgebiets der germanischen Franken im Norden und Osten an das Ostfrankenreich (das spätere Deutschland). Im Westfrankenreich (das spätere Frankreich) dominierte das Galloromanische. Bis ins 10. Jahrhundert wurde jedoch zumindest ideell sowohl von karolingisch-westfränkischen als auch von ostfränkischen Herrschern an der Reichseinheit festgehalten. Die Entstehung des ersten französischen Staates wird daher erst mit der Königskrönung Hugo Capets im Jahre 987 angesetzt.

Die Vermischung von Franken und Galloromanen war von Nord nach Süd in unterschiedlich intensivem Maße erfolgt. Im Süden gab es noch eine Zeit lang burgundische und gotische, im Norden und Osten fränkische Siedlungsreste. Zudem bildete Südfrankreich noch um 1000 eine romanische Sprachbrücke eher nach Spanien (Okzitanier, Katalanen) als nach Nordfrankreich. Diese Unterschiede wurden durch die zwischenzeitliche Schwäche des Pariser Königtums gegenüber regionalen Herzögen und später gegenüber englischen Königen gefördert. Zur endgültigen Herausbildung der französischen Nation kam es bei den Franzosen erst infolge der Französischen Revolution im Jahr 1789. Die Nation definierte sich nicht mehr im ethnischen Sinn als Abgrenzung von Nachbarvölkern, sondern im demokratischen Sinn als Vertreter des Volkswillens und somit als souveräner Gegenspieler gegen ein absolutes Königtum. Die nicht französischsprachigen Staatsbürger wurden allerdings durch die Wehrpflicht und später durch die Schulpflicht bzw. die damit verbundene Verwendung der Amtssprache assimiliert; das Französische verdrängte andere Sprachen wie das Okzitanische.

GENETIK

Die absolut dominierende Haplogruppe der Franzosen ist R1b (52,2 %), die je nach Untergruppe sowohl als keltisch als auch germanisch gilt. Die Franzosen haben häufiger die Untergruppe U152, die als keltisch angesehen wird. Die germanische Untergruppe U106 ist nur bei 7 % der R1b-Träger vertreten. Das heißt, dass die meisten Franzosen eher Kelten als Germanen sind. Die weiteren vorherrschenden Haplogruppen der

Franzosen sind I1 (17,4 %) und E1b1b (8 %). I1 ist typisch für nordgermanische Völker und zumeist bei Dänen, Schweden, Norwegern und Norddeutschen, aber auch bei den zu Nordgermanen benachbarten Finnen anzutreffen. E1b1b ist die häufigste Y-Haplogruppe unter Äthiopiern, Somali, Einwohnern Eritreas und bei nordafrikanischen Berbern und Arabern. Sie kommt auch in hoher Dichte im Nahen Osten vor, von wo aus sie sich in den Balkan und den Rest Europas verbreitete.

SPRACHE

Französisch gehört zu der romanischen Gruppe des italischen Zweigs der indoeuropäischen Sprachen. Der Ursprung geht bis nach Asien. Im 17. Jahrhundert wurde mit der Entdeckung des Sanskrits klar, dass die meisten europäischen Sprachen davon abstammen, so eben auch Französisch.

Aus dem Keltischen haben sich nicht viele Wörter in der französischen Sprache erhalten. Da die Sprache nicht auf Schriftstücken festgehalten wurde, konnte sie im Römischen Reich leicht vom Latein verdrängt werden. Die keltischen Sprachen verschwanden aber nicht spurlos, sondern fanden mit schätzungsweise über 240 Wortstämmen Eingang in das gesprochene Vulgärlatein. Infolge der späteren Durchsetzung des Lateinischen in den ländlichen Regionen Galliens blieben vor allem Begriffe keltischer Herkunft aus der Landwirtschaft im Vulgärlatein erhalten, die auch im heutigen Französisch weiter verwendet werden. Auch die Zählweise im Zwanziger-System (achtzig: *quatre-vingts* = ‚vier mal zwanzig'), die das Standardfranzösische bis heute teilweise beibehält, wird häufig keltischen Einflüssen zugeschrieben.

Und da sich die Franken sprachlich dem Vulgärlatein bis auf wenige verbleibende fränkische Einflüsse anpassten, ist aus der germanischen Sprache nicht viel im heutigen Französisch wiederzufinden. Die Dominanz des Vulgärlateins erklärt sich unter anderem aus dem seit der Antike hohen Prestige des Lateinischen als Sprache einer hochentwickelten Kultur sowie aus der weitgehenden Übernahme der römischen Verwaltung.

FRANZOSEN UND DEUTSCHE – *ERBFEINDE* FÜR IMMER?

Nach der Teilung des Frankenreiches entfremdeten sich die Völker rechts und links des Rheins. Sie taten dies so entschieden, dass die Deutschen schließlich den Hass-Begriff *Erbfeind* von den fernen Türken auf die benachbarten Franzosen übertrugen. Dabei sind doch beide Völker wahre Brüder: Die Franzosen führen als ihr ältestes Königsgeschlecht die Merowinger an. Diese gingen vermutlich aus dem germanischen Stamm der Sugambrer hervor, der zwischen Ruhr und Sieg zu Hause war und Feldzüge ins römische Gallien unternahm. Die Römer siedelten die Sugambrer schließlich auf die linke Rheinseite um. Der Ahnherr Merowech war sogar General in der römischen Armee. Sein Enkel Chlodwig I., König der salischen Franken, schlug Römer wie konkurrierende Germanenstämme aus dem Feld und gründete das erste Frankenreich. Zum ersten Mal verlagerte sich damit das Schwergewicht europäischer Macht aus dem Mittelmeerraum nach Mitteleuropa.

Die Franken beherrschten unter Kaiser Karl dem Großen das zentrale Europa. Karl war weder Deutscher noch Franzose. Als *Charlemagne* gilt er den Franzosen ebenso als politischer Urahn wie *Karl* den Deutschen, sein Reich war eine Großmacht, die dem Abbasiden-Kalifat in Bagdad und dem Byzantinischen Kaiserreich durchaus ebenbürtig war. Karls Nachfahren konnten die Reichseinheit aber nicht bewahren. Es entstanden in der Folge der Nationalstaat Frankreich und das Heilige Römische Reich Deutscher Nation, ein seltsames Gebilde aus einem Kaiser und einem Flickenteppich von Hunderten unabhängig agierender König- und Fürstentümer, Grafschaften, freier Städte und anderen Entitäten. Das Heilige Römische Reich Deutscher Nation erlosch erst im Jahre 1806, als Frankreichs Kaiser Napoleon nach der Herrschaft über Europa griff.

Anders als die Deutschen organisierten sich die Franzosen schon früh in einem zentral gelenkten Staat. Dabei half, dass schon die Merowinger zum Katholizismus übergetreten waren. Noch heute ist Frankreich, obwohl laizistisch, zu mehr als 80 % katholisch. Diese religiöse Einheitlichkeit stellte einen erheblichen Vorteil auf dem Weg zum Nationalstaat dar. Die staatliche Entwicklung der seit der Reformation in Katholiken und Protestanten geteilten Deutschen erlitt einen verheerenden

Rückschlag mit dem Dreißigjährigen Krieg. In diesem europäischen Religionskrieg starben bis zu 40 % der Einwohner des Deutschen Reiches. In Süddeutschland überlebte nur ein Drittel der Menschen. Der religiöse Gegensatz zwischen der Katholischen Liga und der Protestantischen Union wurde überlagert von der politischen Rivalität zwischen den französischen Königen und den österreichischen Habsburgern, die die römisch-deutsche Kaiserkrone trugen. Am Ende war Deutschland in seiner politischen Entwicklung um rund 200 Jahre zurückgeworfen. Es ist bezeichnend, dass erst der Sieg des von Preußen angeführten Norddeutschen Bundes über Frankreich im Jahre 1871 die Bildung des Deutschen Kaiserreiches ermöglichte.

Die Reichsfrage war in Deutschland also stets mit den Franzosen verbunden. Das erste Deutsche Reich entstand aus einer deutsch-französischen Keimzelle und wurde durch Napoleon I. beendet. Die Niederlage Napoleons III. ließ dann das zweite Reich entstehen. Und es war die *Erbfeindschaft* zu Frankreich, die damals zur nationalen Identität der Deutschen beitrug.

Der deutsch-französische Gegensatz blieb auch nach der Reichsgründung erhalten. In Frankreich trat eine Nationalistengruppe um Kriegsminister General Boulanger für einen Revanchekrieg gegen Deutschland ein. Der imperialistische Kurs des Kaisers Wilhelms II. mündete schließlich in die Katastrophe des Ersten Weltkriegs, in dem eine ganze Generation junger Deutscher und Franzosen in den *Stahlgewittern* etwa der *Hölle von Verdun* verblutete. Nicht zuletzt der Deutschenhass des französischen Premierministers Georges Clemenceau führte nach der Niederlage des Deutschen Reiches zu Belastungen und Gebietsverlusten des Versailler Vertrages. Adolf Hitler, Gefreiter im Ersten Weltkrieg, setzte später alles daran, diese Scharte auszuwetzen, die verheerenden Folgen sind bekannt. Der Zweite Weltkrieg sah die Franzosen ein weiteres Mal als Sieger.

Nach 1945, im Zuge der Entwicklung der EU, mit friedensstiftenden Paarungen wie Konrad Adenauer / Charles de Gaulle, Helmut Schmidt / Valéry Giscard d'Estaing oder Helmut Kohl / François Mitterrand, entstand eine neue europäische Großmacht mit Deutschland und Frankreich als Kern. Aus der Politik der Aussöhnung zwischen Deutschland und Frankreich wuchs eine deutsch-französische Freundschaft.

WER SIND DIE POLEN?

Barentssee
eer
Finnland
Norwegen
Russland
Schweden
Estland
änemark
Lettland
Ostsee
Litauen
Russland
Weißrussland
Polen
eutschland
Tschechien
Ukraine
Slowakei
htenstein
Moldawien
Österreich
Ungarn
Slowenien
Kroatien
Rumänien
Georgie
Bosnien
und
Herzegowina
Serbien
Schwarzes Meer
Italien
Adriatisches Meer
Montenegro
Kosovo
Bulgarien
Nord-
mazedonien
Albanien
Tyrrhenisches
Meer
Griechenland
Türkei
Mittelmeer
Ägäisches Meer
Syrien

Über die Entstehung Polens gibt es viele Legenden, die bekannteste ist über die Brüder Lech, Čech und Rus:

Im 7. Jahrhundert, als alle Slawen zwischen den Flüssen Weichsel und Dnjepr in einem Land lebten und eine Sprache sprachen, führten die drei Brüder jeweils einen Familienstamm. Doch dann kam eine Zeit, in der das Land seine Völker nicht mehr ernähren konnte, weil in den Wäldern das Wild und in den Flüssen die Fische knapp wurden. So beschlossen die Brüder, für ihre Stämme ein neues Land zu suchen. Sie marschierten durch dichte Wälder, durchquerten Flüsse und umgingen bergiges Land. Als sie den oberen Pripjet erreichten, kam der Tag der Trennung: „Auf Wiedersehen, Brüder, und denkt an mich! Ich wünsche euch Glück!“, sagte Rus, der älteste Bruder, und wanderte mit seinem Stamm nach Osten ins Land der endlosen Steppen und des ausgedehnten, fruchtbaren Flachlandes, um dort das Rus-Land zu gründen.

Die anderen wanderten weiter in Richtung Westen. Nahe der Stelle, wo heute Krakau liegt, trennten sich auch Lech und Čech. Čech wanderte mit seinem Stamm nach Süden und machte erst auf dem Gipfel des Berges Říp Halt. Seitdem ist Říp der heilige Berg der Tschechen, denn Čech zeigte ihnen von dort das weite, fruchtbare Land, das seinetwegen bis heute *Čechy* genannt wird, das ‚Land der Tschechen‘.

Lech, der jüngste Brüder, war nun allein. „Wenn Rus im Osten und Čech im Süden ist, bleibt mir nur noch der Weg nach Norden“, dachte er. So wanderte er in Richtung Norden, ohne genau zu wissen, wohin. Eines Tages erreichte Lech einen Hügel, und der Zug blieb stehen, weil die Leute Erholung brauchten. Die Abendsonne leuchtete rot, als Lech alle Männer versammeln ließ und zu ihnen sprach: „Wir wanderten weit, um einen Ort zu suchen, der zu unserem Zuhause heranwachsen könnte. Schaut, die Gegend hier ist schön. Ich würde hier gern bleiben.“ Alle dachten über Lechs Worte nach. Da schob sich ein Schatten über die Lichtung. Die Leute sahen einen weißen Adler, der von der Krone einer großen Eiche zu seinem Nest flog. Und vor dem Hintergrund des roten Abendhimmels leuchtete der Vogel hell weiß. „Das ist ein Zeichen Gottes!“, riefen alle. „Ja, hier lassen wir uns nieder, und dieser Vogel wird uns ewig schützen“, sagte Lech.

So geschah es auch. Auf dem Hügel wurde eine Burg erbaut und zur Erinnerung *Gniazdo* genannt, was das polnische Wort für ‚Nest' ist. So wurde die erste polnische Hauptstadt gegründet. Seit diesen Zeiten steht der weiße Adler auf rotem Grund im Wappen Polens.

ETHNOGENESE

Die Vorgeschichte aller Slawen und somit auch der Polen liegt weitgehend im Dunkel der Geschichte. Die Ur-Slawen bewohnten wahrscheinlich ein Gebiet zwischen dem Dnjepr und dem Nordosten der Karpaten. Der römische Geschichtsschreiber Tacitus bezeichnete im 1. Jahrhundert die Weichsel als Ostgrenze des germanischen Siedlungsgebietes. Ab dem 3. Jahrhundert begann die große Völkerwanderung. Goten, Burgunder, Rugier, Vandalen und viele andere durchquerten auf ihrem Weg auch das slawische Siedlungsgebiet. Auch Hunnen und Awaren durchzogen slawisches Land. Die Slawen selbst verspürten zunächst keinen Drang, nach Westen oder Süden auszuwandern. Als aber die großen Wanderungs- und Eroberungszüge vorüber waren, zeigte sich, dass riesige Wald-, Steppen- und Sumpfgebiete im heutigen Osteuropa entvölkert waren. Nun zog es auch die slawischen Bauern und Jäger nach und nach in diese herrenlose Weite, die bessere Lebensbedingungen versprach. Ein Teil von ihnen wanderte nach Süden auf den Balkan. Andere slawische Stämme zogen nach Westen, zum Teil bis an die Elbe. Slawische Stämme siedelten sich zwischen Elbe und Oder, Erzgebirge und Ostsee an. Sie wurden als Elbslawen, Polaben, Lusitzer und Milzener bekannt.

Bis zum 9. Jahrhundert lebten sie in weitgehend friedvoller Unabhängigkeit. In der Folgezeit wurden sie jedoch durch die römisch-deutschen Kaiser unterworfen und verloren ihre Unabhängigkeit (963 die Lusitzer und 990 die Milzener). Parallel dazu verlief die erste große deutsche Ostkolonisation. Zwischen Elbe und Oder wurden deutsche Städte gegründet. Hunderttausende deutscher Bauern kamen in das Land östlich der Elbe. Aufgrund deren Vermischung mit einheimischen Slawen entstanden neue deutsche Stämme und deutsche Mundarten. Die slawische Sprache wurde verdrängt. Eine Restgruppe der Lusitzer und Milzener konnte bis heute als Volk der Sorben in der Lausitz überleben, während die slawische oder wendische Sprache im heutigen Wendland bis 1750 endgültig ausgestorben war.

Die Ethnogenese der Polen erfolgte in einem Zeitkorridor vom 5. bis zum 8. Jahrhundert. Genau wird man das – wie stets bei der Entstehung von Völkern – nie bestimmen können. An der Entstehung des polnischen Volkes zu dieser Zeit wirkten aber auf jeden Fall auch turkstämmige Völker im Süden (Petschenegen und Kumanen) sowie Balten und Finnen im Norden mit.

DER ERSTE POLNISCHE STAAT

Erste Berichte über die Polen stammen aus dem 9. Jahrhundert, als ein bayerischer Geograf die Namen slawischer Stämme auflistet, die man mit späteren geografischen Namen identifizieren kann, wie Weichsel, Lausitz, Oppeln, Wollin. Einer dieser slawischen Stämme nannte sich *Polani* oder *Poleni*. Die Bedeutung dieses Namens wird vom slawischen Wort *polje* (‚Feld', ‚Boden') abgeleitet, also im Sinne von: ‚die auf dem Feld leben'. Eine andere Deutungsmöglichkeit wäre eine Zusammensetzung aus dem slawischen *po* (‚an', ‚bei') wie bei den Pomoranen (*po more*, ‚am Meer'), den Polaben (*po Labem*, ‚an der Elbe'), und en Polasien (*po lasie*, ‚am Wald'). Der zweite Bestandteil *la(n)/le(n)* wäre dabei allerdings unklar. Nach anderen Wissenschaftlern leitet sich das Wort von *polać* oder *polewać* für ‚gießen' ab und soll so ‚die Getauften' bezeichnen.

Die Polani siedelten im Warthe-Netze-Raum sowie an der mittleren Weichsel und entwickelten eine vorstaatliche Gemeinschaft, die durch einen starken Zusammenhalt gegenüber den benachbarten Stämmen überlegen war und die übrigen slawischen Stämme in ihren Machtbereich einbeziehen konnten. Ab 963 taucht in deutschen Quellen ein mächtiger Fürst namens Mieszko auf, der seine Herrschaft über ein Gebiet zwischen Weichsel und Warthe rund um Gnesen ausübte. Mieszko dehnte sein Gebiet sukzessive aus und stieß dabei sogar in das Deutsche Reich vor. Mal kämpfte er gegen benachbarte deutsche Fürsten, mal verbündete er sich mit ihnen. Schließlich trat er aus strategischen Gründen zum

Christentum über und mit ihm wurden die Polen so zu Katholiken, im Gegensatz zu den benachbarten orthodoxen Ostslawen.

Nicht nur im Glauben unterschieden sich die Polen von ihren ostslawischen Nachbarn: Auch die im Osten eingeführte kyrillische Schrift wurde nicht übernommen. Diese hatte sich in Bulgarien entwickelt, das lange dem byzantinischen (und damit einem griechischsprachigen) Reich angehörte. Neben der religiösen Komponente verbreitete sich die Schrift eben oft nur dort, wo der Einfluss des byzantinischen Reiches spürbar war. Und Polen ist ja nicht der einzige slawischsprachige Staat, der das lateinische Alphabet nutzt; das trifft auch auf die Tschechen, Slowaken, Slowenen und Kroaten zu. Alle liegen im Westen des slawischen Sprachbereichs, und in den meisten Ländern dominiert die katholische Religion.

Der Fürst Mieszko wurde zum Stammvater des Geschlechts der Piasten, das Polen bis 1370 regierte. Hier unterscheidet sich die polnische Geschichte zu der vieler Nachbarn, bei denen die Herrscherhäuser oft wechselten. (Im Römisch-Deutschen Reich löste sich seinerzeit eine ganze Reihe von Herrschergeschlechter ab: Sachsen, Salier, Staufer, Habsburger, Luxemburger und wieder Habsburger.) Dagegen wird Polen bis ins 16. Jahrhundert von nur zwei Dynastien regiert, den Piasten und den Jagiellonen. Mieszkos Nachfolger Bolesław I. erwarb 1025 mit päpstlicher Zustimmung sogar die Königswürde, eine eindeutige Abgrenzung zum Römisch-Deutschen Kaiserreich.

Nach seinem erfolgreichen Feldzug gegen Kiew wurde er zu einem einflussreichen Herrscher in Mittel- und Osteuropa. Das Stammesgebiet der Polanen (Großpolen um Gnesen, Posen und Kalisch sowie Masowien) hatte er erweitert. Hinzu kamen Kleinpolen (um Krakau), Pommern, Schlesien, einschließlich der Lausitz, Mähren, die Westslowakei und im Osten Gebiete bis an die Grenze der Kiewer Rus. Kurzzeitig konnte sogar Böhmen in den Einflussbereich der Polen einbezogen werden.

GENETIK

Durch viele Studien wurde herausgefunden, dass ein Gen existiert, das hauptsächlich die West- und Ostslawen (aber nicht nur sie) in sich tragen. Die Polen weisen den höchsten Anteil der Haplogruppe R1a in Europa auf: 57 %. Von den in der Nähe lebenden Völkern haben nur die Sorben und einige Weißrussen höhere Werte. Daneben weisen die Polen etwa 20 % der Haplogruppe R1b auf, die für die Bewohner Westeuropas typisch ist und auf keltische Vorfahren hindeutet. In der Tat lebten Kelten in der Römerzeit im Bereich des heutigen Südpolen, bevor die Slawen und Germanen dorthin kamen. 8 % der Polen haben auch die Haplogruppe I, die auf eine nordgermanische oder skandinavische Herkunft hinweist. In geringem Umfang sind bei den Polen auch Spuren der genetischen Marker J (Naher Osten) und N (Sibirien und Ural) vorhanden.

Außerdem ist ein kleiner Beitrag der Lipka-Tataren (Lipka ist eine krimtatarische Bezeichnung für Litauen) in der Ethnogenese zu erwähnen. Deren Ursprung geht auf die Nachfolgereiche des Mongolischen Reiches zurück: die Blaue und die Goldene Horde sowie das Krimkhanat und das Khanat Kasan. Sie übernahmen nach ihrer Übersiedlung die Rolle einer höheren Militärkaste. Die ersten Tataren kamen als Flüchtlinge, die entgegen der fortschreitenden Islamisierung weiter dem Schamanismus anhingen und bei den noch nicht christianisierten Litauern Zuflucht suchten. Zum Ende des 14. Jahrhunderts wanderte eine weitere Welle von Tataren muslimischen Glaubens ins Großfürstentum Litauen ein und verteilte sich über das Gebiet des vereinigten Polen-Litauens. Mit der Zeit wurden ihre Namen polonisiert und lassen heute noch die ursprüngliche Herkunft erkennen, zum Beispiel bei: Abakanowicz, Achmatowicz, Musatowicz.

SARMATEN ALS VORFAHREN?

Die Sarmaten waren eine Konföderation mehrerer Stämme iranischer Reitervölker. Die mit den Skythen verwandten Sarmaten kamen aus Zentralasien und siedelten vom 6. Jahrhundert v. Chr. bis zum 4. Jahrhundert n. Chr. am südlichen Ural. Später erreichten sie die Steppengebiete des südlichen europäischen Teils des heutigen Russlands und der Ukraine, und hier verdrängten oder ersetzten die Sarmaten die Skythen.

Interessant ist, dass der polnische Adel jahrhundertelang den Mythos pflegte, er stamme nicht von den Slawen, sondern von den Sarmaten ab.

Slawen galten im Adel als die unteren Klassen, die angeblich seit jeher in Sklaverei gehalten wurden. Eine Blütezeit erlebte die sarmatische Idee in Polen vom 16. bis zum 18. Jahrhundert. Ein großer Teil des polnischen Adels kleidete sich in sarmatischer Kriegsausrüstung. Sowohl der niedere Adel (*Szlachta*) als auch der Hochadel (*Magnaci*) trugen häufig Krummsäbel, orientalisch anmutende Gewänder und geschwungene Bärte. Viele zeitgenössische Gemälde setzen den Adel in Szene wie in den Geschichten aus Tausendundeiner Nacht.

Doch neben dieser kulturellen Dimension hatte die Rückbesinnung auf die sarmatischen Reiter noch eine politische Prägung. Ein Teil des Adels leitete seine Herkunft von den Sarmaten ab, um die exklusive Stellung als gesellschaftliche Gruppe zu untermauern und den Herrschaftsanspruch des polnischen Adels zu legitimieren. Immerhin galten die Sarmaten als von den Römern ungeschlagen und damit als quasi unbesiegbar. Dieser *Sarmatismus* konnte in Polen um sich greifen, obwohl das Land eigentlich tief im westeuropäischen Kulturkreis verankert war. Aber die Grenzen dieses großen Reiches zogen sich auch über weite Flächen des östlichen Europa. Zur Zeit der Wasa-Könige im 16. bis 17. Jahrhundert hatte Polen-Litauen eine Fläche von über einer Million Quadratkilometern, die Grenzen reichten bis hin zum Schwarzen Meer im Süden. 1610 wurde Moskau erobert. Im Norden kämpfte man über Jahrhunderte um den Einfluss über die Gebiete des heutigen Lettland und Estland. Der polnische Adel distanzierte sich von Litauern, Weißrussen, Ukrainern, Russen und sogar von einem großen Teil der Polen. Die *sarmatische Elite* wurde der bäuerlichen Allgemeinmasse – *bydło* (‚Arbeitsvieh‘) – gegenübergestellt.

Fast schon anekdotisch mutet es an, wie Polen das linke Ufer des Dnjepr an ukrainische Kosaken verlor, wegen der leichtfertigen Arroganz seiner *Szlachta*: Als der Hetman Potocki vom Aufstand Bogdan Chmelnizkijs erfuhr, soll er gesagt haben: „Es ist eine Schande, eine große Armee gegen eine verachtenswerte Bande von gemeinen Kerlen zu schicken.“ Also entschied man sich für den Einsatz kleiner Truppen und wurde 1648 prompt besiegt. Aber auch aus dieser Niederlage wurde nichts gelernt. Zur nächsten Schlacht erschienen die Polen wie zu einer Parade – in Zobel, mit Federschmuck und goldenen Sporen, und die Herrschaften hatten ihre Diener sowie Truhen voll mit Silbergeschirr dabei und waren überzeugt: „Warum sollten wir unsere Kugeln gegen diese Bastarde verschwenden, wir werden sie einfach auf dem Schlachtfeld auspeitschen!“ Am Ende wurden sie nur dadurch vor der völligen Vernichtung bewahrt, weil die ukrainischen Kosaken sich auf das Erbeutete stürzten und in ihrer Gier die Verfolgung des Feindes aufgaben.

Die Wissenschaft räumte mit dem Mythos der sarmatischen Vorfahren der Polen auf, denn anhand von Funden bei Ausgrabungen stellte man fest, dass die Haplogruppen der Sarmaten bei den Polen quasi nicht vorhanden waren.

KONKURRENZ MIT DEM NACHBARN RUSSLAND

Russen und Polen hatten zwischen dem fünften und achten Jahrhundert unterschiedliche Zentren der ethnischen Konsolidierung. Das eine Zentrum im Osten lag bei Kiew und auch Nowgorod. Das zweite Zentrum lag im Westen bei Krakau, Lublin und Warschau. Mit der Zeit kam es zu Grenzstreitigkeiten um Latgale (das heutige Lettland), Weißrussland, Smolensk und Twer, später auch um die Ukraine. Die mongolische Invasion brachte dann den endgültigen Bruch unter den slawischen Völkern. Die umstrittenen Grenzgebiete wurden zunächst Teil des litauisch-russischen, später des litauisch-polnischen Staates, die Ländereien der Fürsten von Kiew, Polozk und Galizien wurden Teile von Polen. Bis zur Ära der Romanow-Dynastie herrschte ein riesiges Polen über ein kleines, schwaches Moskau. Erst später änderte sich das Kräfteverhältnis. Nach den Teilungen Polens im 18. Jahrhundert gliederte Russland einen Teil der polnischen Territorien in sein Reich ein. Seitdem gelten die Russen in Polen als Eindringlinge. Damals entstand auch die polnische Nationalhymne „Noch ist Polen nicht verloren“. Erst 1918 gab es wieder einen polnischen Staat, aber der wurde dann 1939 schon wieder aufgeteilt zwischen dem Deutschen Reich und der Sowjetunion.

Somit standen sich die beiden Völker, deren enge genetische Verwandtschaft wissenschaftlich nachgewiesen ist, über einige Jahrhunderte hinweg feindlich gegenüber. Ein erstaunliches Detail ist, dass das heutige

Russland seinen Staatsfeiertag am 4. November zur Erinnerung an die Vertreibung der Polen aus dem Kreml 1612 begeht. Für die Wahl dieses Tages war ausschlaggebend, dass er nahe am 7. November liegt, der in der Sowjetunion als Feiertag zu Ehren der Oktoberrevolution begangen wurde, einem Datum, dem man nun einen neuen Sinn gab. Es wird somit nun daran erinnert, dass sich im 17. Jahrhundert während der Einmischung Polens in die Nachfolgekämpfe am Zarenhof viele Polen über Monate im Kreml festgesetzt hatten. Durch diesen russischen Feiertag können sich die Polen heute noch immer wieder bewusst machen, dass sie sich einstmals in den Besitz des Kremls gebracht und ihn besetzt hielten, was später selbst den mächtigsten Gegnern Russlands nicht mehr gelingen sollte.

WER SIND DIE RUSSEN?

Barentssee
eer
Finnland
Russland
Norwegen
Schweden
Estland
Lettland
änemark
Ostsee
Litauen
Weißrussland
Polen
eutschland
Ukraine
Tschechien
Slowakei
Moldawien
Lichtenstein
Österreich
Ungarn
Slowenien
Kroatien
Rumänien
Georgie
Bosnien
und
Herzegowina
Serbien
Schwarzes Meer
Italien
Adriatisches Meer
Bulgarien
Montenegro
Kosovo
Nord-
mazedonien
Albanien
Türkei
Tyrrhenisches
Meer
Griechenland
Mittelmeer
Ägäisches Meer
Syrien

Russland ist das größte Land der Welt, wenn auch nicht das bevölkerungsreichste. Mit einer Fläche von 17 Millionen Quadratkilometern ist es 47-mal so groß wie Deutschland. Dabei war die Fläche früher sogar noch größer. Das Russische Kaiserreich hatte die sagenhafte Größe von 21,8 Millionen Quadratkilometer. Trotz seiner enormen Größe liegt Russland gemessen an der Bevölkerungszahl weltweit nur auf dem 9. Platz. Die Gesamtzahl der Russen weltweit liegt nach verschiedenen Schätzungen zwischen 127 und 167 Millionen Menschen, davon leben ca. 86 % in Russland und mehr als 10 % in den Ländern der ehemaligen Sowjetunion. Der Grund für die dünne Besiedlung ist, dass Großteile des Fernen Ostens und Sibiriens aufgrund des Klimas so gut wie unbewohnbar sind.

Oft heißt es, dass die Seele der Russen so weit wie das Land selbst wäre: großzügig, spontan und unvorhersehbar. Dahingegen heißt es bei den Ukrainern oft: „Die Russen gibt es gar nicht!" Und dabei wird auf die Büste von Andrei Bogoljubski verwiesen. Er war Fürst von Wladimir-Susdal, Herrscher zweier Städte im Waldgebiet östlich von Moskau. Bogoljubski hatte im Jahr 1169 Kiew erobert, geplündert und zerstört. Sein Vater Juri Dolgorukij ist als Gründer Moskaus in die Geschichte eingegangen. Die Büste zeigt einen leicht asiatisch anmutenden Kopf mit schmalen Augen. „Das Gerede von der slawischen Brüderlichkeit, das aus Moskau kommt, ist eine Lüge. Die Russen sind gar keine Slawen, sondern eine Mischung aus Finnen, Tataren und Mongolen! Und ‚Russen' heißen sie erst seit der Eroberung der Ukraine, also jenes Gebiets um Kiew, das im Mittelalter als Rus in die Geschichte einging. Vor dieser ‚russischen' Expansion hatte man nur vom Großfürstentum Moskau gesprochen, erst nach der Eingliederung der Ukraine durch Peter dem Großen – vom Russischen Reich."

Eine Meinung, die man in Russland so gar nicht nachvollziehen kann. Die Russen pochen auf das Konzept der *Russki Mir*, der orthodoxen russischen Welt, die Russen, Weißrussen und Ukrainer miteinschließt. Nicht nur der Machtapparat aus Sowjetzeiten, auch Dissidenten wie der verstorbene Schriftsteller Solschenizyn vertraten die Vision des gemeinsamen geschichtlichen Weges von Ukrainern, Weißrussen und Russen. Wie die Ukrainer, so sehen auch sie in der Kiewer Rus, jenem recht kurzlebigen

Großreich aus dem 10. Jahrhundert, die Wiege ihrer Geschichte. Die Rus erstreckte sich von Kiew bis Nowgorod, von Galizien bis östlich von Moskau, ehe sie unter Erbstreitigkeiten und Mongoleneinfällen zerfiel. Nach russischer Lesart war es Moskau, das Kiews Zepter übernahm und nach den Bedrohungen, die aus Ost und West kamen, unter einer starken Zarenmacht die verstreute *russische Erde* erneut sammelte und ans Goldene Zeitalter des alten Kiew anknüpfte.

Für Ukrainer ist diese Interpretation wiederum fragwürdig. Man setzt der Vision vom starken russischen Staat die Erzählungen von unerschrockenen, mutigen und freien Kosaken ohne staatlichen Rückhalt und mit demokratischen Ideen.

NAME DES VOLKES

Auch in Russland geht, laut Verfassung, alle Macht vom Volke aus. Allerdings ist es weit schwieriger, dieses Volk näher zu beschreiben als in den meisten Nationalstaaten. In Deutschland z. B. ist der Souverän *das deutsche Volk*. Nun gibt es zwar auch ein *russisches Volk* (*russkij narod*). Dieser Begriff bezeichnet aber nur die ethnischen Russen. Alle anderen Völker, von denen viele sogar eigene autonome Republiken, Bezirke oder Kreise haben, gehören eng genommen nicht dazu. In Russland leben mehr als 190 Völker, auch wenn die Russen mit etwa 80 % die Mehrheit der Bevölkerung ausmachen. Tataren, Tschetschenen und die vielen anderen Ethnien sind keine *Russen* (*русские*). In Bezug auf sie wird der Begriff *россияне* benutzt, der leider oft ebenfalls mit ‚Russen' ins Deutsche übersetzt wird. Wissenschaftlich dagegen hat sich hierfür die Übersetzung ‚Russländer' durchgesetzt. Das heißt, die ethnischen Russen sind gleichzeitig *русские* (‚Russen', im ethnischen Sinne) und *россияне* (‚Russländer', im Sinne der Staatszugehörigkeit).

Entstanden ist der Begriff *русские* aus dem Ausdruck *русские люди* (‚russische Menschen'), wobei der zweite Teil mit der Zeit weggelassen wurde. Das Ethnonym *Rus* bezeichnete ursprünglich, einer Theorie zufolge, die aus Skandinavien stammenden Waräger, die zunächst die Oberschicht der Kiewer Rus stellten. In der Nestorchronik, die im

12. Jahrhundert in Kiew entstand, heißt es über die Geschehnisse des Jahres 862: „Sie gingen also nach Übersee zu den Warägern: diese waren als Russen bekannt, so wie einige Schweden und andere Normannen, Engländer und Gotländer genannt werden.“ Später wurde der Name vor dem Hintergrund der Slawisierung auf die gesamte Bevölkerung übertragen.

Es gibt jedoch noch ein anderes Wort: *Ruthenia*, die lateinische Bezeichnung für die Rus, was von dem altschwedischen *Rōþin* stammt. Es gibt deutliche Hinweise darauf, dass die alt-skandinavische Wurzel *Rōþ* (‚rudern‘) der Ursprung des Wortes Rus ist.

In ausländischen Chroniken wird das Volk, das in der nördlichen Schwarzmeerregion lebte, jedoch schon vor 862 als *Rosses* bezeichnet. Die Annalen von Saint-Bertin erzählen nämlich von *Leuten von Ros* und ihrem König vor dem Jahr 839. Dann, im 10. Jahrhundert, erwähnt der byzantinische Kaiser Konstantin VII., dass die Petchenegen, ein turksprachiges Nomadenvolk, den Krieg gegen *Rosia* führten und ihre Hauptstadt Kiew angriffen. Al-Masudi (896–956), ein arabischer Geograf, schrieb: „Die Byzantiner nennen sie *Rusija*, und dieses Wort bedeutet ‚rot‘.“

Ab dem 9. Jahrhundert wird das Wort *Rus* für die Kiewer Länder verwendet. Später, nach der mongolischen Invasion, nannten sich auch die Gebiete nordöstlich von Kiew – Wladimir, Susdal und später Moskau – Rus. Iwan III. von Moskau führte 1493 den Titel *Gospodar* (‚Herrscher‘) *der gesamten Rus.*

Das andere Wort für Russland, *Rosia*, erschien erst 1387 in der Handschrift von Cyprian, der sich *Metropolit von Kiew und ganz Rosia* nannte. Dieser Begriff wurde häufig ab dem 16. Jahrhundert verwendet, als in Moskau die Idee des *Dritten Roms* nach dem Fall von Byzanz aufkam. Als Iwan IV. im Jahr 1547 Zar wurde, erhielt das Land seinen neuen Namen: *Rossijskoje Zarstwo* (‚Zarenreich Russland‘). Es gab zunächst noch verschiedene Schreibweisen: *Росия*, *Русия*, *Россия*. Die Entscheidung, *Россия* mit einem doppeltem *s* zu schreiben, wurde vom Zaren Peter dem Großen getroffen, der 1721 sein Land *Rossijskaja Imperija* (‚Russisches Imperium‘) nannte. Der heutige Eigenname *русские* ging erst seit dem Ende des 19. Jahrhunderts fest in den Sprachgebrauch ein.

SPRACHE UND ALPHABET

Sprachwissenschaftlich gesehen gehört Russisch zu den indoeuropäischen Sprachen. Russisch, das eng mit dem Weißrussischen, Ukrainischen und Russinischen verwandt ist, wird mit dem kyrillischen Alphabet geschrieben. Wer genau das erfunden hat, ist bis heute umstritten. Feststeht, dass die Brüder Kyrill und Method, zwei Priester aus Saloniki, die Vorform des Kyrillischen, die *glagolitische Schrift*, im 9. Jahrhundert erfanden. Die Urheberschaft des kyrillischen Alphabets ist jedoch immer noch Gegenstand von Diskussionen. Das Alphabet trägt zwar den Namen Kyrills, entstand aber erst um die Mitte des 10. Jahrhunderts am Hofe der bulgarischen Zaren in Preslaw. Eine Urheberschaft von Kyrill und Method, die ein Jahrhundert früher lebten, wäre somit ausgeschlossen. Kliment von Ohrid, ein Schüler Kyrills, wird oft als Urheber genannt, aber auch das ist nicht beweisbar.

Die meisten Buchstaben wurden aus dem griechischen Alphabet übernommen oder von ihm abgeleitet. Für Laute, die das Griechische nicht kennt, wurden Zeichen aus der glagolitischen Schrift zugrunde gelegt. Später, durch die Annäherung Russlands an den Westen unter Peter dem Großen, kam es 1708 zu einer Reform der Schrift. Sie wurde vereinfacht und optisch an das lateinische Alphabet angepasst. 1918 kam es zu einer erneuten Rechtschreibreform, indem einige Zeichen abgeschafft wurden. Diese neue Variante wird bis heute verwendet.

Regionale Dialekte können unterschiedlich ausfallen, allerdings nicht so stark, dass sich die Russen untereinander nicht verstünden. Sie teilen sich in süd-, nord- und zentralrussischen Mundarten auf. Die literarische Norm ist für alle Russen der zentrale Dialekt in Moskau.

GENETIK

Über die finno-ugrische Herkunft der Russen wird viel spekuliert. Was sagt die DNA-Genealogie dazu? Insgesamt sind die häufigsten Haplogruppen der Russen R1a (47 %), N1 (22 %) und I2 (18 %). R1a kommt häufig unter den West- und Ostslawen vor. Die Südslawen dahingegen sind den Rumänen und Albanern genetisch näher, und R1a ist bei ihnen seltener. Insoweit sind die Russen eindeutig Slawen. Jedoch beträgt der Anteil der Haplogruppe N1, die oft als *finno-ugrisch* bezeichnet wird (obwohl sie nicht nur bei ihnen vorkommt), in Zentralrussland 16 %. In dünn besiedelten Regionen nördlich von Moskau erreicht er 35 %, in dicht besiedelten Regionen von Rjasan dagegen nur 10 %. Die Verteilung dieser Haplogruppe unter den Russen ist somit sehr ungleichmäßig; sie ist im Norden am dichtesten vertreten, in Zentralrussland viel seltener und in Südrussland kaum vorhanden. Es kann davon ausgegangen werden, dass die Verhältnisse im mütterlichen Genpool ungefähr gleich aussehen. Die Ukrainer haben übrigens auch einen finno-ugrischen Anteil, wenn auch einen dreimal kleineren als die Russen.

Es ist auch ein weiterer Irrglaube, dass das mongolische Joch den Genpool der Russen wesentlich beeinflusste. Die typischen *mongoloiden* Haplogruppen C, O und Q kommen bei Russen kaum vor. Bei Untersuchungen wurde festgestellt, dass es im asiatischen Teil Russlands, von der Pazifikküste bis zum Ural, bei den Russen nur 3 % solcher Gene gibt, vom Ural bis zur Wolga weniger als 0,5 %, und von der Wolga bis in den Westen gar keine solche Gene.

Wenn man vom *typischen* Aussehen der Russen spricht, bezieht man sich gewöhnlich auf das typisch ostslawische Aussehen, das sich durch ein rundes, breites Gesicht, große Augen und eine gerade oder Stupsnase auszeichnet. Die Wissenschaftler unterscheiden dabei noch mehr Typen: die Nordiden (in Nordwestrussland: hellhaarig, längliche Schädelform), die Baltiden (hellhaarig, breites Gesicht), die Uraliden (Bevölkerung der Wolga-Region und Westsibiriens) sowie die Pontiden und Goriden (dunkles Haar, schmales Gesicht).

ETHNOGENESE

Ab Mitte des 4. Jahrhunderts, auf der Flucht vor den Hunnen, flohen viele Völker nach Westen und verdrängten dabei weitere Stämme. Die Abwanderung der Slawen wird in den Geschichtsbüchern auch damit erklärt. Doch viele Archäologen betonen, dass die Slawen noch vor den

Hunnenangriffen in Süd- und Osteuropa zu siedeln begannen. Denn schon im 6. Jahrhundert bildeten sie den größten Teil der Bevölkerung des Awaren-Khaganats, eines von Awaren gegründeten Staates in Mitteleuropa. Die Abwanderung der Slawen wurde möglicherweise durch eine Kältewelle ausgelöst, die im 4. Jahrhundert einbrach. Das Wasser in der Nord- und Ostsee stieg und wegen vieler Überschwemmungen und Versumpfungen der Felder begannen die Vorfahren der Russen, die Weichsel-Oder-Region zu verlassen, und überquerten die Grenze des heutigen Russlands. Dort kam es im Verlauf der Zeit zum Zusammenschluss der ostslawischen Stämme, die bewaldete Gebiete des heutigen Westens von Russland, Weißrussland sowie den Norden der Ukraine bewohnten. Zu ihnen zählten die Ilmenslawen, Kriwitschen, Wjatitschen, Sewerjanen, Radimitschen u. a. An der Ethnogenese der Russen waren neben ihnen auch skandinavische (Rus), baltische (Goljad) und finno-ugrische (Merja, Muroma, Meschtscheren) Stämme beteiligt.

An den Ursprüngen der russischen Geschichte scheiden sich bis heute die Geister der Historiker. Wurde der erste Staat, die Kiewer Rus, von Skandinaviern gegründet, weil die Slawen nicht wussten, wie sie ihre Zwistigkeiten untereinander regeln und ein funktionierendes Staatswesen auf die Beine stellen sollten? Oder war es genau andersherum: übernahmen diese Waräger, die im 9. Jahrhundert mit Byzanz und dem Orient Handel trieben und deshalb eifrig die Land- und Wasserwege des großen Landes nutzten, in Kiew und Nowgorod eine schon vorhandene staatliche Organisation? Unstrittig ist aber, dass die Kiewer Rus der erste Höhepunkt einer russischen Staatlichkeit war und das bis ins 12. Jahrhundert blieb.

In diese Zeitspanne fällt auch die Christianisierung, die der Kiewer Fürst Wladimir im Jahre 988 mit der Taufe seines Volkes im Dnjepr vollzog. In *Die Erzählung der vergangenen Jahre*, der ältesten russischen Chronik aus dem 11. Jahrhundert, steht, der Fürst habe Abgesandte aus Rom, die muslimischen Wolgabulgaren, die jüdischen Chasaren und einen griechischen Philosophen aus Konstantinopel kommen lassen, um die Vor- und Nachteile des einen oder anderen Glaubens zu prüfen. Das ist wie so oft in alten Chroniken nur Legende, tatsächlich ging es bei der Wahl des Glaubens wie schon immer und überall um Machtpolitik.

Neben Kiew stieg in jener Zeit die Kaufmannsrepublik Nowgorod zu Macht und Größe auf. Die Stadt ist bis heute stolz darauf, einst zum Bund der Hanse gezählt zu haben. Schiffe der Hamburger und Lübecker Kaufleute brachten nicht nur begehrte Waren mit, sondern ebenso die demokratische Bürgerverfassung der Städte-Republiken. Nowgorod konnte sich auch behaupten, als im 13. Jahrhundert der Mongolensturm einsetzte. Die Mongolen hatten fast überall leichtes Spiel, denn die russischen Fürstentümer waren zerstritten und zu keinem gemeinsamen Widerstand in der Lage. Mehr als die Hälfte der Städte wurde zerstört, darunter die Machtzentren Wladimir und Susdal sowie das damals noch wenig bedeutende Moskau. Die Herrschaft der Mongolen bedeutete für die Russen eine Isolation von den politischen und kulturellen Entwicklungen in Europa. Dieses Argument wird bis heute im Westen gern angeführt, wenn es darum geht, die angebliche Rückständigkeit Russlands zu erklären. Durch eine kluge Abgabenpolitik und die geografische Lage im Norden entging Nowgorod diesem Schicksal der meisten russischen Städte. Eine Ironie der Geschichte ist, dass Nowgorod seine Freiheit zwar weder an Mongolen noch später an Schweden oder den Deutschen Ritterorden verlor; sein Untergang kam ausgerechnet durch Moskau. Als Russland im Mittelalter ein Staatsgebilde wurde, stieg Moskau zum Machtzentrum auf, dass alle anderen Städte und Regionen in den Schatten stellte.

Wann entstanden nun in diesem geschichtlichen Rahmen die Russen als Volk? Einer verbreiteten Theorie zufolge hatte sich in der Kiewer Rus zwischen dem 10. und 13. Jahrhundert eine altrussische Ethnie herausgebildet, aus der in den Jahrhunderten nach dem Zerfall der Kiewer Rus die Russen, die Ukrainer und die Weißrussen hervorgingen. Eine ethnisch-kulturelle Trennung zwischen den Russen im Einflussbereich des Großfürstentums Moskau und den Ukrainern sowie Weißrussen im Verband des Großfürstentums Litauen geschah im Verlauf des 16. Jahrhunderts vor dem Hintergrund der zahlreichen Russisch-Litauischen Kriege. Die Russen bewohnten anfangs das Gebiet, das den Nordwesten des heutigen Russlands umfasste. Mit den militärischen Erfolgen breitete sich ihr Siedlungsgebiet entlang der Wolga nach Südosten aus. Die Eroberung der Tataren-Hauptstadt Kasan 1552 öffnete ihnen den Weg über den Ural nach Sibirien. Die landwirtschaftlich attraktiven Steppengebiete südlich der

Barentssee
eer
Finnland
Russland
Norwegen
Schweden
Estland
Lettland
änemark
Ostsee
Litauen
Russland
Weißrussland
eutschland
Polen
Tschechien
Ukraine
Slowakei
chtenstein
Moldawien
Österreich
Ungarn
Slowenien
Kroatien
Rumänien
Georgie
Bosnien
und
Herzegowina
Serbien
Schwarzes Meer
Italien
Adriatisches Meer
Montenegro
Kosovo
Bulgarien
Nord-
mazedonien
Albanien
Tyrrhenisches
Meer
Griechenland
Türkei
Mittelmeer
Ägäisches Meer
Syrien

Eine der größten militärischen Niederlagen gegenüber den sogenannten Barbaren erlitten die Römer in Germanien, als Varus im Jahr 9 n. Chr. drei Legionen verlor. Das größte Mysterium ereignete sich aber in Britannien. Dort verschwand die 9. Legion spurlos – 5.500 Soldaten lösten sich quasi in Luft auf. In den letzten Jahren kreisten mehrere Filme um das Thema: In *Der Adler der Neunten Legion* versucht Marcus Flavius Aquila den Adler wiederzuerlangen, den sein Vater in der Schlacht verlor. Im Epos *Centurion* verfolgt Olga Kurylenko als Kriegerin Etain die überlebenden Legionäre. *Die letzte Legion* schafft das Kunststück, die verschwundene Neunte mit der Artussage zu verbinden.

Über das Geschehen gibt es mehrere Hypothesen, zum Beispiel, dass die Legion an den Rhein verlegt wurde, dass sie wegen Feigheit aufgelöst wurde oder aber, dass sie bei einem Aufstand in der Nähe von London verloren ging. Am wahrscheinlichsten ist wohl die Annahme, dass die Legionäre nach Norden entsandt und dort von den einheimischen Stämmen komplett aufgerieben wurden. In Umgebungen, in denen die Legionen nicht in ihren Kampfformationen operieren konnten, war es mit der Überlegenheit schnell vorbei, wie auch der Untergang von Varus zeigt.

Bei den besagten Stämmen handelte es sich um die Pikten, die Vorfahren der Schotten. Was ist über sie bekannt? 2013 gaben Jean-Yves Ferri und Didier Conrad mit dem Band *Asterix bei den Pikten* ihr Debüt im Asterix-Universum. Seitdem weiß der geneigte Leser, dass es im Norden Britanniens die Ostpikten und die Westpikten gab, zudem die Seepikten, die sich grün bemalten, und die Blaupikten, die mit bloßer Haut prahlten. Das ist mehr, als die Forschung über dieses Volk an Beschreibungen hat. Die Wikinger hielten die Pikten für Trolle oder Elfen, die unter Hünengräbern lebten. Die Iren nannten sie *Cruithne*, was so viel heißt wie ‚Getreidezüchter'.

Die Bezeichnung Pikten erhielten die Vorfahren der Schotten erst von den Römern. Die lateinischen Wörter *pictor* oder *picturatus* bedeuten so viel wie ‚Maler' oder ‚bemalt'. Nigel Tranter schreibt aber im Buch *The Story of Scotland*, dass diese Erklärung mit den Bemalten abwegig sei. Die tatsächliche Bedeutung des Namens sei auf dem Weg in unsere Zeit verloren gegangen. Es sei seiner Meinung nach denkbar, dass die Römer sich damit auf die Eigenart der Pikten bezogen, über Bilder bzw. Piktogramme zu kommunizieren.

Nach dem römischem Chronisten Tacitus hatten sie, gleich ob Mann oder Frau, überwiegend rotblondes Haar und waren groß und muskulös. Als ethnischen Ursprung der Pikten vermutet man wegen der frappierend ähnlich strukturierten Tätowierungen und Tiersymboliken die Skythen, ein nomadisches Reitervolk, das die Gebiete des heutigen Russlands und der Ukraine besiedelte.

HERKUNFT DES NAMENS

Die Bezeichnung *Scotland* kommt von *Scoti*, dem lateinischen Namen für die Gälen. So werden die Sprecher der goidelischen Sprachen bezeichnet, d. h. des Irischen, des Schottisch-Gälischen sowie des Manx in Irland, Schottland und auf der Isle of Man. Die weitere Herkunft des Begriffs *Scotland* ist unsicher. Einer der vielen Vermutungen ist eine Verwandtschaft mit dem altgriechischen Wort *skotos* (*σκότος*) in der Bedeutung ‚dunkel'. Die lateinische Bezeichnung *Scotia* (‚Land der Gälen') wurde übrigens zuerst für Irland verwendet. Spätestens ab dem 11. Jahrhundert wurde *Scotia* im gälisch sprechenden Schottland nördlich des Flusses Forth als Bezeichnung für Schottland gebraucht, neben *Albania* bzw. *Albany*, die vom gälischen Wort *Alba* abstammen. Erst seit dem Spätmittelalter werden die Wörter *Scots* und *Scotland* in der heutigen Bedeutung genutzt.

SPRACHE

In Schottland werden drei Sprachen gesprochen: Englisch, Lowland Scots und Schottisch-Gälisch. Bis ins 18. Jahrhundert wurde auf den Inseln im Norden auch Norn, eine nordgermanische Sprache, gesprochen. Heute sprechen die meisten Schotten Englisch, immerhin noch 30 % Scots bzw. Schottisch-Gälisch. Nur etwas mehr als 1 % gibt Schottisch-Gälisch sogar als Muttersprache an.

Das von den Schotten gesprochene Englisch entstand im 18. Jahrhundert und hat eine Ähnlichkeit mit dem Welsh English, z. B. durch das leicht gerollte „r". Zudem wird das „t" verschluckt, und das „o" wie „ae" ausgesprochen. Die Grenzen zwischen schottischem Englisch und Scots sind fließend und selbst für Forscher schwer abzugrenzen.

Scots ist die Sprache der schottischen Lowlands und der Inselbewohner im Norden, Orkney und Shetland. Auch in einigen Regionen Nordirlands und in Donegal in Irland ist es verbreitet (das sogenannte *Ulster Scots*), da diese Gebiete im 17. Jahrhundert von schottischen Einwanderern besiedelt wurden. Obwohl Scots eine Varietät des Englischen ist, besitzt es starke Einflüsse aus Skandinavien, die von den Wikingern im 9. und 10. Jahrhundert mitgebracht wurden. Ab dem 12. Jahrhundert breitete sich Scots in den südlichen Landesteilen aus und übernahm dabei auch Begriffe aus dem Lateinischen, Gälischen, Französischen und Niederländischen. Entstanden ist das Scots aus dem Altenglischen, das sich wiederum vom kontinentalen Westgermanischen abspaltete. Bei den Schotten gewann Scots im 14. Jahrhundert am Hof des schottischen Königs Robert II. an Bedeutung. Ab 1494 wurde es zur Sprache des gesamten Königreichs, das von allen, vom Adel bis zu den Bauern, gesprochen wurde. Als James VI. von Schottland 1603 auch zum König von England gekrönt wurde, verlor Scots jedoch an Unterstützung. Es blieb zwar noch Staatssprache bis 1707, als Schottland und England zum Vereinigten Königreich von Großbritannien wurden, aber danach ersetzte man es durch Englisch. Der Poet Robert Burns brachte im 18. Jahrhundert mit seinen Gedichten, die ausschließlich in Scots verfasst waren, die Sprache wieder an die Oberfläche, was mit einem wachsenden Nationalbewusstsein der Schotten einherging.

Die dritte von den Schotten gesprochene Sprache ist Schottisch-Gälisch, eine keltische Sprache, die zumeist in den Highlands und auf den Hebriden verwendet wird. Es verbreitete sich im 9. Jahrhundert in fast ganz Schottland, war jedoch nie die Sprache des Südostens des Landes. Ihr schleichender Rückzug begann, als der schottische König Malcolm III. im 11. Jahrhundert eine angelsächsische Prinzessin zur Frau nahm. Am Hofe verzichtete man seitdem auf Schottisch-Gälisch. In diesem Zusammenhang lohnt es sich, mit einem verbreiteten Irrtum aufzuräumen: Nach der Niederschlagung des Jakobitenaufstandes in der Schlacht von Culloden 1746 wurden drakonische Verordnungen zur Unterdrückung der schottischen Kultur erlassen, aber ein Verbot des Schottisch-Gälischen gehörte nicht dazu. Erst mit den ökonomischen Veränderungen des 18.Jahrhunderts erfuhr die Sprache einen Schlag, von dem sie sich nie wieder erholen sollte. Clan-Oberhäupter betrachteten das im Kollektivbesitz befindliche Land als ihr Privateigentum und begannen im großen Stil, Schafe zu züchten, eine Investition, die hohe Gewinne erzielte. Um genügend Weideflächen zu haben, wurde die Bevölkerung vertrieben. Diese *Clearances* (‚Beseitigungen‘) führten zur Entvölkerung ganzer Landstriche und verdrängten damit auch das Gälische. In *The People's Paper* berichtete Karl Marx 1853 darüber und beschrieb exemplarisch die Ausbeutung der Bevölkerung. Beendet wurden die Clearances erst auf politischen Druck im Jahr 1884.

ETHNOGENESE

Die Schotten werden in zwei Gruppen eingeteilt, die sich ethnisch, kulturell und sprachlich voneinander unterscheiden, in die Lowland-Schotten im Süden des Landes und in die Highland-Schotten im Norden. Die Highland-Schotten sind keltischer Abstammung, während die Lowland-Schotten von zwei historischen Bevölkerungsgruppen abstammen: von den westgermanischen Stämmen der Angeln und Sachsen, die nach dem Rückzug der Römer in den südöstlichen Teil Großbritanniens einwanderten, und von den dort bereits vor ihnen ansässigen teilromanisierten Kelten.

Die Angeln und Sachsen unterwarfen die benachbarten keltischsprachigen Cumbrianer im Königreich Strathclyde. Während des 7. Jahrhunderts zogen sie aus ihrem Königreich Northumbria in die Gegend um Edinburgh. Ihre Nachkommen besetzten nach und nach alle Lowlands. Ein Bericht der *International Political Science Association* vom Jahr 1974 skizziert die ethnische Pluralität „zwischen den angelsächsischen Völkern Englands sowie den schottischen Lowlands gegenüber den keltischen Völkern von Wales, Irland sowie den schottischen Highlands“. Der Historiker Felipe Fernández-Armesto ist ebenso der Meinung, dass die Lowland-Schotten vorwiegend von Angeln und Sachsen abstammen. Der Forscher Colin Kidd fügt noch hinzu, dass die Auswanderung von Flamen, einer weiteren germanischen Gruppe, durch die anglo-normannische Umsiedlung während der Davidianischen Revolution im 12. Jahrhundert ebenfalls zum Genpool der Lowland-Schotten beitrug.

GENETIK

Forscher der University of Edinburgh nahmen 2019 erstmals die Genetik der Schotten unter die Lupe, indem sie eine genetische Karte erstellten. In ihr zeichnet sich eine Aufteilung in unterschiedliche Gruppen genetisch ähnlicher Menschen ab, die in bestimmten Regionen leben: im Südwesten, im Nordosten, auf den Hebriden, Orkney und den Shetlandinseln. Wie die Wissenschaftler erklären, stimmen die Verbreitungen dieser Gruppen mit den Gebieten der Königreiche überein, in die Schottland vor über 1000 Jahren unterteilt war: Strathclyde im Südwesten, Pictland im Nordosten und Gododdin im Südosten. Die angelsächsischen Einwanderer, die die Insel vom Südosten her besiedelten, trugen zu etwa 30 % zum Erbgut der heutigen Schotten bei, so das Ergebnis einer Studie des Max-Planck-Instituts für Menschheitsgeschichte in Jena.

Ein Forscherteam des University College London beschreibt, dass die Verantwortung für den hohen Anteil angelsächsischer Gene die Pikten und Skoten selbst trügen, denn es waren Überfälle dieser beiden nördlichen Volksgruppen auf den Süden Britanniens, die die dort Einheimischen dazu brachten, nach kampfkräftigen Hilfskräften zu rufen. Die vormalige Schutz- und Besatzertruppe der Römer war gerade im Begriff, England aufzugeben und dabei eine wehrlose entmilitarisierte Zone zurückzulassen. Einige Angeln und Sachsen waren schon damals als römische Hilfstruppen im Land. Im 5. Jahrhunderts begann dann eine Invasion weiterer germanischer Stämme über den Kanal und die Nordsee. Neben immer mehr Angeln und Sachsen siedelten sich bald noch Friesen, Jüten und Franken an. Bald verschmolzen sie alle zu den Angelsachsen.

Was ist aber mit dem piktischen Beitrag zur Genetik der Schotten? Ein charakteristischer Y-Chromosomen-Marker für die Pikten, R1b-S530, findet sich in den Genen von 10 % der Schotten. In Irland haben nur 3 % der Bevölkerung dieses Gen, und in England noch weniger.

Es zeichnen sich auch Spuren der Wikinger in der Genetik ab. Demnach besitzt die Bevölkerung Orkneys und der Shetlandinseln den höchsten Anteil an skandinavischen Vorfahren, nämlich mehr als 25 %. Darüber hinaus untersuchten Wissenschaftler umgekehrt die Beiträge der Schotten z. B. zur Genetik der Isländer. Offenbar erreichten gälische Siedler die ferne Insel, was im Erbgut der Isländer eindeutig sichtbar ist. Die Analyse eines Grabes in Orkney zeigt zudem, dass Wikinger nicht zwangsläufig skandinavischer Abstammung waren. Die beiden dort bestatteten Männer ähnelten genetisch heutigen Iren und Schotten, wurden jedoch nach Wikinger-Art mit Schwertern und anderem Zubehör beigesetzt.

SIND ALLE SCHOTTEN KELTEN?

Für die ersten Römer, die die Britischen Inseln ihrem Weltreich einverleibten, waren alle Einwohner schlicht *picti* – ‚Bemalte'. Die Römer blieben und lernten in den folgenden Jahrhunderten die Völker, mit denen sie sich die Insel teilten, besser kennen und unterscheiden. Um das Jahr 150 herum beschrieben sie die Caledonii, die die Highlands bewohnten, die Votadini in Lothian, die Selgovae in Dumfries, Novantae in Galloway, Vacomagi in Moray und andere. Zusammengefasst wurde der gesamte Norden unter dem Begriff *Caledonia*. Anders als im Süden der Insel konnten die Römer in Caledonia jedoch nie Fuß fassen. Zu unwirtlich war die Gegend, zu groß der Widerstand der Einheimischen. Die Römer reagierten auf ihre Weise und bauten zwischen 122 und 128 eine Mauer, den Hadrianswall, und wenig später um das Jahr 150 eine zweite Mauer, den Antoninuswall, der die römischen Provinzen im Süden vor Überfällen der Stämme aus dem Norden schützen sollte. Doch diese Mauern halfen nicht immer. Der römische Historiker Ammianus Marcellinus schrieb, dass sich die „wilden Volksstämme der Scotten und Pikten um 368 verschworen hatten und tief ins römische Gebiet eindrangen, dem Statthalter das Leben raubten und viele Räubereien verübten". Nur mit zahlreichen germanischen Hilfstruppen sei es gelungen, die Invasoren, „welche gefesselte Menschen sowie Vieh mit sich führten", zurückzutreiben und ihnen die Beute wieder abzunehmen.

Handelte es sich bei diesen Völkern allesamt um Kelten? Eindeutig bewiesen ist die keltische Abstammung nur bei den britonischen Stämmen im Süden. Sie sprachen eine Sprache, die zum P-keltischen Sprachzweig gehört, und sie konnten sich mit anderen Kelten mühelos verständigen. Später, im 11. Jahrhundert, zerfielen die Britonen in mehrere Gruppen: die Waliser, die Kornen, die Bretonen und die Einwohner von Hen Ogledd.

Ob die keltische Herkunft auch auf die Pikten zutraf, ist wissenschaftlich nicht belegbar. Falls sie Kelten gewesen wären, bliebe immer noch ungewiss, ob sie eine indigene frühkeltische Bevölkerung Schottlands waren oder ein Zweig der britonischen Kelten. Ortsnamen weisen zwar darauf hin, dass auch die Pikten eine P-keltische Sprache gesprochen haben. Archäologische Funde zeigen jedoch Unterschiede zu anderen Kelten.

Anders ist das bei den Skoten, die zweifelsfrei keltischen Ursprungs waren. Ein Indiz dafür ist ihre Sprache, die wie das Irisch-Gälische dem Q-keltischen Zweig entstammt. So konnte sich der irische Mönch St. Columba, der im 6. Jahrhundert das Christentum nach Schottland brachte, mit den Skoten mühelos verständigen, während er für die Pikten einen Dolmetscher benötigte. Ein weiterer Beweis könnte auch die Gründungslegende Schottlands sein. Diese beruft sich auf eine Quelle aus dem 10. Jahrhundert, die beschreibt, wie Fergus Mór, ein irischer Stammesfürst, mit Teilen seines Volkes über die nur zwölf Meilen breite Meerenge nach Schottland übersiedelte und hier das Königreich Dalriada gründete. Inzwischen wird diese Annahme jedoch in Zweifel gezogen, da sich archäologische Funde deutlich von denen in Irland unterscheiden. Sowohl Irland als auch der Westen Schottlands wurden vermutlich zur gleichen Zeit durch wandernde Volksgruppen Q-keltischen Ursprungs besiedelt.

STAATSGRÜNDUNG SCHOTTLANDS

Im Mittelalter gehörten der Norden und Osten den Pikten, der Westen den Skoten. Um 500 siedelten die britonischen Kelten aus Wales im Südwesten und im Südosten ließen sich zur selben Zeit die Angelsachsen nieder. Aus diesem Konglomerat verschiedener Völker bildeten sich die heutigen Schotten. In den folgenden Jahrhunderten bestanden vier Reiche in Schottland: das piktische Reich, die gälische Dalriada, die angelsächsische Northumbria und die von romanisierten Kelten getragene Strathclyde. Bis ins 7. Jahrhundert gab es zudem noch das Reich Gododdin, das aber bald von den Angeln eingenommen wurde.

Als Begründer eines vereinten Schottlands gilt Kenneth MacAlpine. Die Legende besagt, dass er 810 im gälischen Königreich Dalriada geboren wurde, das damals unter der Oberherrschaft der Pikten stand. Sein Vater Ailpín wurde hingerichtet, da ihm das Volk übel nahm, für einen piktischen König gekämpft zu haben. Ob diese Geschichte wahr ist oder ob Kenneth piktischer Abstammung war und nur unter dem Einfluss der gälischen Kultur aufgewachsen war, ist nicht genau zu sagen. Der Historiker Alex Woolf von der University of St. Andrews argumentiert: „Der Mythos von Kenneth, der die Pikten eroberte […] Es ist 1210 oder 1220, dass zum ersten Mal darüber gesprochen wurde. Es gibt keinen Hinweis, dass er ein Schotte war. Wenn man sich die zeitgenössischen Quellen ansieht, sind da vier andere piktische Könige nach ihm. So ist er der fünftletzte der piktischen Könige, und nicht der erste schottische König."

Was aber auf jeden Fall feststeht, ist, dass er ein Machtvakuum nutzte, als die piktische Königsdynastie 839 im Kampf gegen die Wikinger gefallen war. Kenneth machte Ansprüche sowohl auf den piktischen Thron als auch auf den von Dalriada geltend und wurde spätestens 848 König des vereinten Reiches, das fortan als *Alba* bekannt war. Nur kurz darauf sah sich das Reich erneut einer Bedrohung durch die Wikinger gegenüber; vor allem Dalriada war aufgrund seiner Küstenlage gefährdet. Kenneth gab Dunadd, den Königssitz von Dalriada, daraufhin auf und siedelte einen Großteil der Skoten in den Osten des Landes um, während er Shetland, Orkney, Caithness, Sutherland und die Western Isles den Skandinaviern überließ. Forteviot, die frühere Hauptstadt des piktischen Königreichs, wurde nun zur Hauptstadt des neuen Reiches. Bald war auch die kulturelle Verschmelzung beider Völker komplett. Bis etwa zum Jahr 1000 verdrängte Gälisch die piktische Sprache.

Als MacAlpins Nachkomme Malcolm II. im Jahr 1018 das Gebiet der Angelsachsen (das heutige Lothian um Edinburgh) und Duncan I. zwanzig Jahre später das Gebiet der Britonen (bei Glasgow) eroberten, war

Schottland in seinen heutigen Ausmaßen geboren. Zu dieser Zeit nannten sich die Könige auch erstmals Herrscher von Skotland statt von Alba.

Der normannisch-englische Einfluss verstärkte sich mit der Zeit. Im Süden wurde eine feudale Lehnsordnung errichtet, die in den Highlands jedoch nicht durchsetzbar war, wo sich die Clanstrukturen erhielten. Zugleich nahm die Bedeutung der Städte und des Handels rasch zu. Aus England, Flandern und Nordfrankreich kamen Zuwanderer, die auch zum Genpool der Schotten beitrugen. Was die Religion betrifft, gelang es der römischen Kirche nicht von heute auf morgen, ihren Glauben zu verbreiten. Immer wieder zogen Missionare durch das Land, um der Bevölkerung den Glauben an ihre Naturgötter auszutreiben. Aber gerade im Alltag hielt man noch lange an den vertrauten Riten fest. Sinnbildlich für die Vermischung der Glaubensarten sind Reliefdarstellungen, die noch heute an vielen steinernen Hochkreuzen in Schottland und Irland zu sehen sind. Hier vermischen sich keltische Ornamente mit christlichen Symbolen. Ohnehin herrschte aufgrund der Lage am Rande Europas eine Sonderform des Christentums, zum Beispiel konnten die Schotten mit der bischöflichen Autorität nichts anfangen und besaßen abweichende Ansichten über die Tonsur der Mönche oder das Osterdatum. Am Ende kam es, wie es kommen musste: Rom beklagte diese Abweichungen als gotteslästerlich, und im 7. Jahrhundert wurde die eigenständige Kirche von der römischen verdrängt. Nur auf der Insel Iona dauerte es noch hundert weitere Jahre, bis man auch dort dem römischen Ritus folgte.

NACHWORT

Mit diesem Buch haben wir eine Reise durch die Kulturen und Völker Europas unternommen. Die Vielfalt und Einzigartigkeit der menschlichen Zivilisationen sind ein kostbares Erbe, das es zu bewahren und zu verstehen gilt. Jede Gemeinschaft, jedes Brauchtum und jede Tradition, die wir hier kennengelernt haben, erzählt eine Geschichte, die tief in den Wurzeln unserer gemeinsamen Menschheitsgeschichte verankert ist.

Doch diese Reise ist noch lange nicht zu Ende. Die Welt ist groß und es gibt noch so viele weitere Völker, deren Geschichten es zu entdecken gilt. Wenn Sie noch tiefer in die faszinierende Welt der Kulturen eintauchen möchten, lade ich Sie herzlich ein, meinen YouTube-Kanal zu besuchen. Dort stelle ich regelmäßig neue Videos über verschiedene Völker vor, die in diesem Buch noch nicht die Aufmerksamkeit bekommen haben, die sie verdienen.

Sie finden meinen YouTube-Kanal unter dem Namen *Völker der Welt*, und ich freue mich darauf, unsere gemeinsame Reise durch die Welt der Völker fortzusetzen.

Vielen Dank, dass Sie dieses Buch gelesen haben und dass Sie sich für die Kulturen unserer Welt interessieren. Möge dieses Buch nur der Anfang einer lebenslangen Entdeckungsreise sein.

https://www.youtube.com/@völkerderwelt/videos

Liebe Leserin, lieber Leser,

hat Ihnen dieses Buch gefallen?
Ihr Feedback, Ihre Anregungen und Ihre Kritik bedeuten uns viel, denn sie helfen uns, unsere Bücher kontinuierlich zu verbessern.

Die Meinung und Zufriedenheit unserer geschätzten Leserinnen und Leser stehen im Mittelpunkt unseres Schaffens. Ihre Gedanken sind uns wichtig.

Zögern Sie daher nicht, uns zu kontaktieren und Ihre Gedanken mit uns zu teilen. Senden Sie uns einfach eine E-Mail an:
feedback@eulogiaverlag.de

Besuchen Sie auch gern unsere Verlagsseite und entdecken Sie weitere spannende Bücher unter:
www.eulogiaverlag.de

Wir sind gespannt auf Ihre Nachricht und freuen uns darauf, von Ihnen zu hören!

Herzlichst
Ihr **Eulogia Verlag**